U0258478

极简通识系列

极简
量子力学

[美] 张天蓉 / 著

中信出版集团 | 北京

图书在版编目（CIP）数据

极简量子力学/（美）张天蓉著.--北京：中信出版社，2019.7（2022.1重印）

ISBN 978-7-5217-0320-7

I.①极… II.①张… III.①量子力学－普及读物
IV.①O413.1-49

中国版本图书馆CIP数据核字（2019）第058538号

极简量子力学

著　　者：[美]张天蓉
出版发行：中信出版集团股份有限公司
　　　　　（北京市朝阳区惠新东街甲4号富盛大厦2座　邮编　100029）
承　印　者：北京通州皇家印刷厂

开　　本：787mm×1092mm　1/32　　印　张：6　　　　字　数：92千字
版　　次：2019年7月第1版　　　　　印　次：2022年1月第3次印刷
书　　号：ISBN 978-7-5217-0320-7
定　　价：45.00元

目　录

第 5 章
量子纠缠的探索之旅
091

第 6 章
量子信息的新世界
133

序 言

　　杰出的科学家是广受欢迎和爱戴的教授，往往也是出色的科普作家。爱因斯坦在提出相对论后撰写的《狭义与广义相对论浅说》一书，以及费曼的著作，都是科学家做科普的著名例子。科普是一种更广泛意义上的教育，而且在某种程度上来讲难度更高，因为受众更广，读者水平和知识背景更加参差不齐。因此我对著作颇丰的科普作家张天蓉女士充满敬意。

　　要写好物理方面的科普著作，作者本人必须具有深厚的学术修养，真懂物理，起码懂得自己所写的主题。当下一个时髦的主题正是"量子"，有关量子的文章、报道乃至广告可谓铺天盖地、数不胜数。然而，何为量子，何为量子力学，何为量子纠缠，有几个人能说得清楚？又有多少是道听途说、人云亦云，乃至以讹传讹？

在我们生活的信息时代，量子是不可或缺的要素。我们身边的手机、电脑、电视，以及其他一切电子产品，无不建立在依据量子力学发展起来的凝聚态物理的基础之上。我们就生活在这样一个量子的世界中，每个瞬间都被量子效应环绕包围，须臾不可摆脱，时刻浸淫其中。可以说，所谓现代社会，就是量子力学打造的时代。

然而，关于什么是量子，什么是量子力学，什么是更加神秘的量子纠缠，我们太缺乏一本立论正确又深入浅出的科普读物，为广大读者祛魅解惑。就在此时，张天蓉这本书应运而生。

首先，对于"什么是量子"的问题，作者用一个楼梯的比喻进行了形象化的解释：经典世界就像斜坡，像长度这样的物理量可以连续变化，而量子世界就像楼梯，只能一级一级地上升或者下降。那么，像这样的"楼梯"一级有多高呢？对长度而言，这样一个最小的单位只有 1.6×10^{-33} 厘米，比原子的直径小得多。在构成我们周遭一切物体的物质世界中，这样的"楼梯"无处不在，只是它们的尺度太小，我们不能直接观察到。这样一来，读者便会明白，市面上五花八门的以某种小颗粒制品冒充"量子"的产品，其实都与量子没有任何关系。

其次，对于"什么是量子力学"的问题，这本书通过介绍经典的双缝干涉实验，给出了量子力学的一项基本特征。物理学家费曼认为，杨氏双缝电子干涉实验是量子力学的心脏，"包含了量子力学最深刻的奥秘"。这个奥秘就是量子的波粒二象性：在量子力学中，物体可以同时既是粒子又是波！电子是粒子，它可以如子弹一样一颗一颗地发射；电子也是波，能像光波一样产生干涉。一个世纪以来，已经有许多实验证明了电子的波动性，这种波用薛定谔方程来描述，我们称之为波函数。1926年玻恩给出的波函数的概率解释，成为此后人们对量子力学的基本诠释。尽管还存在无数的质疑和争论，但量子力学的成功，却是毋庸置疑和无与伦比的。前面提到的电子器件，都建立在半导体能带理论的基础上，而能带理论不过是量子力学在固体物理中的应用。由能带理论引申出的自旋电子学等领域，更是由典型的量子现象和量子力学理论计算组成的领域。

再者，近年来风靡一时的"量子纠缠"问题，更是这本书的核心。关于这一问题，作者在《物理》杂志和网络上发表过许多科普文章。量子纠缠的根源在于量子态的非定域性①，与经典物理的定域性形成鲜明对比。由于这种非定域性，两个粒子（如光子）在一定条件下可能形成纠缠态。在过去很长一段时间内，量子力学与定域实在论之间的矛盾只能从哲学角度加以论述，直到贝尔不等式出现。1965年，贝尔从爱因斯坦的定域实在论和隐变量假设出发，得出结论——二粒子的自旋纠缠态关联函数满足一个不等式。1972年，弗里德曼和克劳泽首次利用光学实验推翻了贝尔不等式，实验结果与量子力学的预言相当吻合，从而确立了量子力学的正确性，也推翻了定域论及其隐变量解释。

有人据此认为爱因斯坦是反对量子力学的，这完全是一种误解。爱因斯坦说过："物理学理论最近的和最成功的创造，即量子力学。"不过爱因斯坦确实对量子力学的解释抱有怀疑，他毕生坚持定域的实在论观点，而事实证明量子力学的非定域观念是正确的。虽然这种非定域性和由此引申出来的量子纠缠现象尚未在哲学上获得充分的理解，但科学就是在探索中前进的，未知并不可怕。杨振宁先生说过：物理做到极致，就会诉诸哲学；哲学做到极致，就

---

① 即本书正文中所说的"非局域性"。——编者注

会诉诸宗教。杨振宁先生的话不无道理，但可悲的是，现在有一些所谓科学界的大人物，物理没有做到极致，哲学更是一窍不通，却以他们似是而非的知识来诠释佛教、鼓吹灵魂。所以，对量子和量子力学的理解，既要挣脱传统观念的窠臼，又要谨防堕入不可知论和唯心主义的陷阱。

最后，我想指出，张天蓉之所以有能力写出一系列精彩的物理学科普著作，主要是基于她所受的良好教育，特别是她在美国师从伟大的物理学家约翰·惠勒的经历。惠勒教授是量子力学创始人玻尔的学生，也是爱因斯坦的亲密同事，还是"黑洞"这个名词的推广者。或许正是他的物理洞察力和哲学思维，改变了张天蓉对物理学的基本认识，让她有了茅塞顿开之感。中国古话说：择校不如择师。天蓉得此良师，是她的幸运，她将恩师的教诲发扬光大，又是广大读者之幸！

这本书正是这种传承的见证。

葛惟昆

香港科技大学荣休教授

北京大学物理学院客座教授

2019年4月于北京清华园

前言

　　随着中国的量子科学实验卫星"墨子号"上天，公众对量子及量子纠缠的兴趣大增，"量子"俨然成为一个热门话题。也许你是近几年才第一次听说"量子力学"，但实际上它至今已有一百多年的历史，可以说是一门十分成熟且非常成功的物理理论。它直接奠定了原子弹、核技术、光学、半导体工业等领域的物理基础，如今又在量子计算、信息加密等现代高科技领域大显身手。有人说，量子力学是科学史上最为精确地被实验检验了的理论，可以说是人类智力征程中的最高成就。根据统计资料，一个多世纪以来颁发的诺贝尔物理学奖中，绝大部分都颁给了与量子力学有关的研究。

　　因此，身为一个现代人，如果不学习一点量子力学，就如同没有上过互联网搜索信息，没有用过微信聊天一样，可算是人生的一大遗憾。然而，现有的量子科普读物，要么专业性太强，不是十分适合大众的口味，要么科学知识不到位，使用一些不恰当的比喻，反而容易被人误解和滥用。

因此，我专门创作了这本深入浅出、图文并茂的小书，简明且较全面地介绍量子力学的理论、实验及应用。在写作过程中，我尽量做到内容扎实、解释通俗，力求既引人入胜，又保证科学的严谨性。我希望尽量满足各个教育水平大众的阅读需求，既能激发年轻学生对科学的兴趣，也能让成人增长知识、消除疑惑。它为好奇的读者讲述人人都能了解的量子力学知识，可以作为量子力学入门的极简教科书。这本书中没有令人生畏的数学公式，仅用通俗的文字及精心绘制的原理示意图来介绍和解释概念，希望你可以从轻松愉快的阅读中获得乐趣，增长见识。

这本书可以分为两大部分，一部分介绍量子，一部分介绍量子纠缠。我们会了解到许多奇特的新概念、新理论，看到很多不可思议的实验，它们乍一看可能非常违背我们在日常生活中的直觉，但仔细了解后，你就能发现这些概念、理论以及实验实际上非常有趣。它们不仅存在于物理学家的头脑中，还在一步一步地走进现实，成为人类社会未来发展的重要驱动力。这本书的第一部分首先介绍量子概念的来源、意义、历史等，然后进一步带领读者遨游奇妙的量子世界，解释诸如薛定谔的猫、不确定性原理、隧穿效应、自旋等相关概念和现象，再简要介绍量子力学在激光物理、半导体工业及其他相关领域中的应用。

在第二部分中，我们将进一步走近神秘的量子纠缠现象及其应用。量子纠缠最为诱人的应用是未来的量子计算机和量子通信，其中包括量子信息、量子加密、量子传输等等相关概念。这一部分将梳理这些概念，解释它们的内容和原理，展望它们的前景，引领我们沿着量子之路，走向人类文明世界的未来。

除了这些奇妙的科学新知，这本小书里不时还会提到一个又一个与量子力学有关的科学家的名字，他们中有的我们耳熟能详，有的却不那么为大众所知。希望读完此书，你除了了解到量子力学方面的知识，还能记得那些形象鲜明、充满创造力且独具个性的物理学家，比如薛定谔、玻尔、惠勒、费曼……值得一提的是，笔者当年在美国得克萨斯大学奥斯汀分校攻读物理学博士时，时常向惠勒请教问题。他是我的博士论文指导小组成员之一。我还参与过留学生杂志对惠勒的专访。那次访谈中，惠勒在谈到玻尔当年的哥本哈根研究所时，回忆了相当多的细节。

"……早期的玻尔研究所，楼房大小不及一家私人住宅，人员通常只有三五个，但玻尔作为当时物理学界的先驱，可谓在量子理论界叱咤风云。在那儿，各种思想的新颖性和活跃性，在古今的研究中是罕见的。尤其是每天早晨的讨论会上，既有发人深思的真知灼见，也有贻笑大方的狂想谬误，既有严谨的学术报告，也有热烈的自由争论。不过，所谓地位的压制、名人的威权、家长式的说教以及门户的偏见，在那斗室之中，却没有任何立足之地。

"没有矛盾和佯谬，就不可能有科学的进步。绚丽的思想火花往往闪现在两个同时并存的矛盾的碰撞切磋之中。因此我们教学生、学科学，就得让学生有'危机感'，学生才觉得自己有用武之地。否则，学生只会看见物理学是一座完美无缺的大厦，却没有问题，还研究什么呢？从这个意义上来说，不是老师教学生，而是学生'教'老师。"

惠勒的这些话，直到今天都令科研工作者受益无穷。回顾量子力学的百年发展历程，我们可以看到，科学就是通过这些名字、通过一代又一代学者不断的追问和求索展开的，这个过程中，不同观点的碰撞是再自然不过的事情了。

　　最后，为了方便读者查询，笔者整理了量子力学发展过程中的里程碑大事和科学家名字及年代，以及少量重要的参考文献，总结在附录中，希望能够为感兴趣的读者提供有效的拓展阅读线索。

　　现在，请开始一段迷人又有趣的量子世界的发现之旅吧。

第 1 章
量子究竟是什么

量子是什么？

现在好像大家都听说过"量子"一词，但量子到底是什么呢？有人说："量子不就是电子、光子什么的，很小很小的粒子吗？"这句话不全对：量子不是什么"粒子"，但量子的确和"很小"有关。

稍具物理知识的人都知道，物质由分子、原子组成，原子又由质子、中子、电子等粒子组成。如果更深入下去，现代粒子物理标准模型将所有的粒子归纳为几十种不可再分的基本粒子，其中包括光子、电子、介子等等，也包括构成质子和中子的各种夸克，但是，其中可没有哪个粒子叫"量子"。确实，基本粒子中没有"量子"，但基本粒子遵从的物理规律却和量子密切相关。

一般地说，量子不是实物，而只是一种理论，或者说一种概念。虽然历史上人们也使用过"光量子"一词表示实物，但它实际上指的就是具有一定能量的光子。我们一般不将"量子"看作粒子，而将其作为对量子力学、量子理论、量子态、量子现象等等概念的一种泛称。

凡是冠以"量子"之称的概念，基本上说的都是很小的微观世界的事情，或少数与其相关的宏观应用。在宏观世界中，人们用牛顿定律描述物体（或粒子）的运动。计算地面上发射炮弹的速度或是天上卫星的运行轨道，都要用到牛顿的经典力学。而如果要计算原子中电子的运动规律，光照到物体表面产生什么效应等等这一类现象，就要用到微观世界的量子力学了。当然，理论上来说，量子力学也能够用于宏观世界，不过，在处理上述宏观问题时，使用量子力学方法会令计算过程极为烦琐，而运用更为简单方便的牛顿三大定律也能达到我们需要的精度。正所谓"杀鸡何须用牛刀"，所以我们刚才强调，量子力学是大多用于微观世界的物理规律。

谈到"很小很小"的微观世界，到底多小才算小？人的一根头发丝的直径一般为50微米（1微米=10^{-4}厘米），而原子的直径大约只有 10^{-8} 厘米，是头发丝直径的约十万分之一，中子和质子的直径更小，约是 10^{-13} 厘米。一般认为量子力学的适用范围是原子以下的尺度，那有没有一个"最小长度"呢？物理学中有一个可以测量出来的最小长度，叫作"普朗克长度"，约为 1.6×10^{-33} 厘米，这比原子小多了。量子力学，以及它所研究的中子、质子、电子、光子，以及所有其他的基本粒子，都在这样的尺度范围内驰骋。

微观世界的物理规律与宏观世界大不一样，宏观规律是我们耳熟能详且经常亲身体验到的经典规律，而量子世界的微观定律却是人的感官所"看不见摸不着"的。因此，我会用"量子"与"经典"的对比贯穿全书，用两者的异同点来引出概念，帮助大家理解。还有一点要提及的是，虽然量子规律适用于所有微观粒子，但本书中的主角是电子和光，有时候，人们也将它们泛称为"粒子"。

让我们再回到量子是什么的问题。实际上，量子（quantum）一词来源于拉丁语，原意是不可分割，指的是物理量的不连续性，即表征微观粒子运动状态的物理量只能采取某些分离的数值，叫作被"量子"化。在经典物理学中，物理量变化的最小值没有限制，它们可以任意连续地变化，理论上似乎要多小就能有多小，而对于实际目的而言，变化值小到一定程度就没有影响了。但在量子力学中，情况就不同了。比如说我们刚才谈到的普朗克长度 l_p，既然它是最小的长度，如果以它作为单位的话，任何实体的长度就都是它的整数倍，如果这个倍数是150，那这个物体的长度就是150个 l_p。任何长度都不会以分数形式表示了，不可能有半个 l_p，或4.3个 l_p 的长度出现。

我们可以用日常生活中的例子来解释量子化。图1-1左图的斜坡和右图的楼梯可分别代表连续的高度变化和"量子化"的高度变化。以一级楼梯的长度为单位，斜坡上的高度可以表示为如3.89这样的数字，而楼梯只能一级一级地上升，高度被"量子化"了，只能是整数。

图1-1　连续变化和"量子"式变化

读到这里，你可能会恍然大悟：原来这就是量子啊！不过，上一段中的例子只是一个比喻，宏观力学中既有楼梯也有斜坡，微观世界中却往往都需要量子化。古人曰"一尺之锤，日取其半，万世不竭"，表达的只是趋近无限小的数学抽象，而物理现实中不是这样，许多物理量都有某个不可分割的最小值，可能是长度、时间，也可能是能量、动量等等，微观物理量只能以确定的大小一份一份地变化，在不同的情况下，这个最小值的数值也会不同。换言之，微观世界中处处是"楼梯"，它们大大小小、高低迥异。然而，每一级"楼梯"的大小，都与一个叫"普朗克常数"（h）的数值有关。

怎么又是普朗克？他究竟是怎样的人物？要回答这个问题，我们要从量子力学的历史谈起。回顾历史，我们才能更深刻地了解量子的奇妙。下面，我们就来看看这个简单的、"楼梯"式的变化方式，是如何把包括爱因斯坦在内的物理学家们一步一步地逼"疯"的。

谁发现了量子？

量子化的概念由德国物理学家普朗克在1900年第一次提出。这可不是什么莫名其妙的臆想，而是为了解决一个实验与经典理论不符合的难题——"黑体辐射"。

在1900年之前，人们认为电子是一种粒子，类似于沙粒那样，是一颗一颗的，光则是一种连续的波动，如同水波一样，波光粼粼。从科学的角度看，电子和光也是大不相同的：粒子的运动符合牛顿力学，而电磁波（包括光）的运动规律则符合麦克斯韦的经典电磁理论的描述。

那么，黑体辐射又是什么呢？通俗地说，我们可以将黑体比喻为一块木炭，它在常温下黑黝黝的，但在高温的火炉里却会发出红色的光。黑体在不同温度下还会辐射出不同波长的光波，即显示出不同颜色。随着温度逐渐升高，它会变成暗红色，紧接着是更明亮的红色，然后是亮眼的金黄色，再后来，还可能呈现出蓝白色。

事实上，黑体辐射随处可见，包括人体在内的生物体辐射的光和电磁波，也可以看作是黑体辐射。

那物体为什么会辐射呢？这与物体中电子的随机热运动有关，加速运动的带电粒子能产生电磁波，黑体辐射即为光（电磁波）和物质达到热力学平衡态时表现出的一种现象。

所以，辐射遵从的规律关系到物质和光的本质。但是，当人们使用麦克斯韦的经典理论来处理黑体辐射时，却碰到了困难——理论与实验结果不一致。

　　是哪儿出了问题呢？物理学家试了各种方法，他们修改模型，提出假设，却都未能解决这个问题。经典力学和电磁场在它们各自的领域中用得好好的，为什么在这儿就不适用了呢？当年的经典物理大厦高高耸立，天空是一片晴好。但黑体辐射的难题却令物理学家们困惑不已，犹如蓝天一角遮住大厦的一小团乌云。

　　德国物理学家普朗克潜心研究黑体辐射问题。他使用的办法是量子化，为辐射设置了一段"楼梯"。在计算黑体辐射时，普朗克假设光波不是连续辐射出来的，而是一份一份地被辐射，每一份的能量与辐射光的频率 v 成正比，可以写成频率乘以一个常数 h，即能量 = hv。人们后来将 h 命名为普朗克常数。

　　引进了这个楼梯式的辐射能量后，普朗克得到了与实验数据完美吻合的结果，解决了黑体辐射问题，也为研究光与物质作用的其他难题开辟了新方向。虽然我们今天的叙述是这样的，但在当年普朗克提出"辐射能量量子化"的概念时，他的支持者并不多，普朗克自己也有些惶恐不安。因为普朗克实际上是个思想较为保守、循规蹈矩的人，并没有什么开辟新方向的野心，也许他提出量子化思想只是歪打正着而已。因此，普朗克仍然在反复尝试用能量连续的经典理论做黑体辐射的计算，希望不使用"量子"也能解决问题。不过，他努力了好几年，没有取得什么成果。

五年后，普朗克终于等来了量子化的支持者。当年还在瑞士的专利局当小雇员的爱因斯坦，看上了普朗克的这个新概念，并在1905年用这种方法成功地解释了光电效应。

光电效应是电子和光两大主角上演的节目。和黑体辐射不一样，光电效应中的光波不是被辐射出来，而是入射到物体表面被吸收。物体中的电子吸收了光波，能量增加，因而被激发，射出了物体表面。事实上，与光电效应有关的应用在日常生活中非常普遍，从广义上看，商店里可以感测有人靠近的自动门、房屋使用的太阳能电池、照相机中的感光器件等应用，都是利用类似光电效应的原理发明出来的。

也就是说，光电效应指光入射到物质表面激发电子逸出从而产生电流。于是，人们便自然地认为，入射光的强度越大，产生的电流也越大，但实验结果却并非如此。例如，在光照射金属电极产生电流的实验中，即使用很微弱的紫光，也能从金属表面打出电子，而如果你使用红光，尽管加大强度，也不能打出电子。换言之，光电效应的产生只取决于光的频率，与光的强度无关。

　　这个现象无法用麦克斯韦的电磁理论来解释。因为如果光被看作是一种具有连续能量的波的话，不管是紫光还是红光，只要入射的强度足够大，就应该能够激发出电子。

　　在这种情况下，爱因斯坦立刻想到了普朗克的量子假设，并在此基础上更上一层楼。爱因斯坦认为光波不仅仅是一份一份地被辐射出来的，而是在任何时候都是量子化的。光本来就由一个一个离散的"光量子"（即光子）组成，而不是人们原来所认为的"波"。与普朗克提出的黑体辐射类似，每个光子的能量等于 $h\upsilon$。其中 υ 是频率，h 是普朗克常数。

　　尽管普朗克和爱因斯坦用"量子"的概念成功地解决了当时困扰人们的难题，但多数物理学家仍然对此半信半疑，因为仍有太多的疑问难以回答。

　　首先，光子的说法让人们再次回到了光是"粒子"还是"波"的古老问题。17世纪初，科学家笛卡儿认为光是某种机械波，之后牛顿提出光的"微粒说"，后来惠更斯则根据许多实验结果，认为光是一种波动。直到1864年，麦克斯韦确定光是电磁波，此后，人们一直相信光是具有反射、折射、衍射等性质的波，但现在怎么又回过头来，说光是一个一个光子组成的呢？

另一个问题在于，为什么物质在辐射光和吸收光的时候，都是采取"一份一份"的方式呢？为什么不是连续能量的方式？普朗克和爱因斯坦都没有回答这个问题。也就是说，他们只是使用了"楼梯"，却并未深挖"楼梯"的来龙去脉。直到1913年，28岁的玻尔提出了量子化的原子结构理论，给出了这个问题的答案。

玻尔生于丹麦的哥本哈根，在那里完成学业后前往英国，并得到一个机会师从卢瑟福做博士后研究。那时候，卢瑟福将原子类比于太阳系，提出"行星模型"[图1-2（a）]，却碰到了根本性的困难：在经典力学的框架下，这种行星结构将是不稳定的。

（a）卢瑟福的行星模型

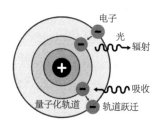

（b）玻尔的量子化模型

图1-2　两种原子模型

受到普朗克和爱因斯坦的启发，善于接受新思想的玻尔灵机一动，将这种量子楼梯式的变化应用于卢瑟福模型。

玻尔认为,原子中的电子轨道也是量子化的,原子中只可能有一个一个分离的轨道,图1-2(b)所示,每个轨道对应于一定的能量。因为电子只能从一个轨道跃迁至另一个轨道,所以,电子的能量不是可以连续而任意变化的,电子跃迁时释放和吸收的能量也因此无法连续变化,只能是"一份一份"的。

玻尔的原子理论在当时取得了巨大成功,迎来了10年左右的辉煌。它不但成功地解释了原子稳定性、原子光谱谱线等问题,还解释了光为什么是"一份一份"地被发射和吸收的。

与普朗克和爱因斯坦的理论一样,玻尔原子模型中电子轨道之间的能量差值也与普朗克常数有关,即跃迁能量等于$h\upsilon$。其中υ是辐射(或吸收)光的频率,h为普朗克常数。

这下热闹了。越来越多的例子证明,在微观世界中,引入"一份一份"的量子化的概念,就能够得到与实验一致的计算结果,能够解释许多经典理论无法解释的实验事实。与此同时,一大批有志于理论物理的年轻学子也开始摩拳擦掌、跃跃欲试,纷纷建立各种模型,相继提出和发展了各种理论。量子力学理论成为那个时期最热门的研究课题,迎来了一个又一个诺贝尔物理学奖。

　　有趣的是，所有这些量子化"楼梯"的单级高度，都与普朗克常数h有关。也就是说，如果我们要用一个"数值"来代表微观世界的特点，即代表"量子"概念的话，普朗克常数h是最好的选择。普朗克发现的常数h，就像是希腊神话中潘多拉魔盒被打开后释放出的小妖精，再也收不回去了。而且，她还正准备在微观物理世界中，轰轰烈烈地大闹一场呢。

微观世界中的妖精

　　当初，普朗克是为了限制辐射能量的最小值，假设了普朗克常数h。而后来，这个常数的出现成为量子理论适用范围的标志。黑体辐射、光电效应，以及玻尔原子模型，这些与实验密切相关的工作，使得"量子"这个名词横空出世，闪亮登场。

　　说到20世纪初的那一代物理学家，最令人瞩目的是他们提出重要发现时的年龄。新生事物往往是年轻人的专利。自古英雄出少年，当年的量子科学明星大多数是在自己20~30岁时，就对量子力学做出了杰出的贡献：爱因斯坦26岁时提出光量子假说，玻尔28岁提出原子结构理论，31

岁的德布罗意提出德布罗意波，海森堡24岁创立矩阵力学，37岁的薛定谔建立薛定谔方程……在这群纷至沓来的青年科学家的努力下，量子力学逐步走向成熟。

我们说普朗克常数 h 是从潘多拉盒子中释放到量子世界且再也收不回去的小妖精，可它究竟是什么呢？它的数值和单位是：

$$h = 6.626 \times 10^{-34} \mathrm{m}^2 \cdot \mathrm{kg/s}$$

它的数值很小很小。这个代表"量子"旋转于微观世界中的小妖精，一百多年来带给物理学家们无限的惊喜，也带给人们无穷的困惑。

惊喜的原因不难理解：量子力学是一个异常成功又已经被广泛应用的理论。如今，所有的精密测量，以及化学、电子、材料等等研究及工业应用领域，都会涉及量子力学的结论。量子理论的计算结果与实验结果的吻合，达到了惊人的程度。美国物理学家费曼曾经比喻说，他的某个计算结果的精度，相当于如果你测量洛杉矶到纽约两点的距离，预言和实际结果之间的误差只有几十根头发丝直径之和那么小！

既然量子力学这么好，人们又为何感到困惑呢？

　　困惑来自对量子力学的解释和思考，即如何诠释量子力学的问题。微观世界中，小妖精 h 导致的量子化产生了许多奇怪的概念，物理学家们在解释这些概念时持有多种不同观点，至今仍然没有停止争论。

　　量子现象与我们日常生活中用经典牛顿理论能解释的现象迥然不同。我们感知到的日常生活中的现象以及人类本身，都是宏观的，物理学家正是在此基础上建立了牛顿经典力学以及经典电磁理论。然而，量子力学所描述的微观世界，可以说完全无法通过人类感官直接观测，比如，你能感觉到电流，但无法"直接"感知一个电子、质子；你能看到各种颜色的光，但看不到一个一个的光子。至于夸克等更深层次的概念，与我们的感官的距离就更加遥远了。也就是说，微观世界的小，使得我们人类已经不可能直观体验它，我们只能用某些实验方法间接地测量，以及用抽象的数学手段加以描绘。因此，微观现象不遵循我们常见的规律，我们无法用理解经典现象的方式来理解量子理论，这都情有可原。

　　不过，经典的科学研究方法教给了我们很多基本的科学法则，诸如实在性、客观性、确定性、决定论、因果律、局域性等等。物理学家也许能容忍微观世界中千奇百怪的量子现象，却未必能接受它们违反这些人们早已认同的哲学基本原则，也就是说，量子力学似乎颠覆了科学家们长期认可并引以为豪的世界观。当然，在研究微观现象中对这些原则中每一项的坚持或摒弃，是因人而异的，这也造就了物理学家们对量子力学的各种诠释，让量子理论成为学者们争论不休的根源。而在普通人眼中，量子现象则更是云雾缭绕了。

奠基量子力学的一代伟人释放出的这个小妖精 h 是如此之小，宏观世界的我们在日常生活中完全感觉不到它的存在。从表面上看起来，只有经典物理与我们息息相关。从科学的角度而言也是如此。虽然量子理论是更具普适性的理论，它既能用于微观，也能用于宏观，但在宏观尺度下，普朗克常数 h 的影响完全可以忽略不计，这时候的量子力学将被简化为我们熟知的经典理论。

有普朗克常数存在的微观世界，与感觉不到普朗克常数的宏观世界，究竟有什么不同？我们将在下一章详述这些内容。

第 2 章
量子的奇妙特性

量子理论与经典物理主要有哪些不同之处？这些关键概念的简要发展过程、来龙去脉如何？是否有实验支持？解释这些现象的主流理论是什么？让我们拨开迷雾，看看量子世界奇在何处，也窥视一下隐藏于这些奇异现象背后的物理本质。

是粒子，还是波？

　　普朗克和爱因斯坦在解决黑体辐射、光电效应问题时，提出光的能量是一份一份的，也就是说，光是由许多"光子"组成的。但物理学家们又无法否定光是一种电磁波的事实，因为众多实验结果表明光具有散射、衍射、干涉等等波动特有的属性。为此，物理学家只能暂时承认：光既有粒子的特征，又有波的特征，称为"二象性"。

玻尔的原子模型将光子的发射与原子模型中的电子运动联系在一起。光有二象性，那么电子呢？电子在经典物理中被描述为粒子，它在微观世界中是否也可能具有"波动性"呢？尽管当时还没有任何相关的实验事实证实这一点，却也有物理学家产生了这类奇思妙想。

德布罗意是法国外交和政治世家布罗意公爵家族的后代，据说他天资过人、过目不忘。这位贵族家的公子哥儿原来主修历史，但后来发现物理学才是自己的兴趣所在，遂改行拜师法国物理学家朗之万研究量子力学。1924年，德布罗意写出了一篇令人惊叹的博士论文，标志着量子力学迈出了戏剧性的一步。他将光波"二象性"的观点扩展到电子等实物粒子上，提出了物质波的概念，给任何非零质量的粒子（比如电子）都赋予了一个与粒子动量成反比的"德布罗意波长"（$\lambda = h/p$）。对于这个波粒二象性的新观念，朗之万有些难以接受，因此他将论文寄给爱因斯坦征求意见。敏锐的爱因斯坦立刻意识到这篇论文的分量，他认为德布罗意"已经掀起了面纱的一角"。爱因斯坦的肯定奠定了波粒二象性在物理中的地位，也启发了另一位物理学家——薛定谔。薛定谔风流倜傥，据说当年是与女友在阿尔卑斯山度假时产生了科学灵感。他想，既然德布罗意提出电子具有波动性，那么，我们就可以给它建立一个波动方程。不久，薛定谔方程问世，开启了量子力学的新纪元。

图 2-1 的宏观圆柱体，也许可以帮助我们理解二象性。对于宏观世界的三维圆柱，使用不同的观测方法，我们可以看到不同的形状。从上往下俯视，我们观察到一个圆，而从右往左侧视，我们看到的却是一个方形。

图 2-1 圆柱体的"二象"

换言之，二象性就是说，我们从不同的角度观察事物会得到不同的结果。例如从不同的方向看向圆柱体，可能看到圆形，也可能看到方形。不管圆柱是圆的还是方的，我们都能够真真切切地看到三维空间中的圆柱，它是我们眼能见到、手能触摸的东西。然而，对于微观世界的电子

（或光子），我们无法直接看到它们是什么样的，也看不到它们的运动规律。犹如盲人摸象一样，我们只能用各种不同的观测方式来间接探测它，在不同的环境下我们得到了不同的结果，它有时候表现为粒子性，有时候又显示出更多的波动性。

电子真的会表现出波动性吗？在德布罗意提出物质波概念后不久，1927年，美国物理学家戴维森与格尔默在实验室里发现了电子的衍射现象。另一位物理学家G. P. 汤姆孙也在几乎同时独立地发现了电子衍射现象，之后他们一起获得了1937年的诺贝尔物理学奖。

电子衍射现象的发现证实了物质波的存在，因此我们可以说，在经典物理中被描述为粒子的物体，在量子力学中可以表现出波动性。其实，波粒二象性是所有粒子的本质，只是宏观物体的尺度太大，令我们无法观测到波动性而已。在经典宏观理论中，电子只是粒子，动量为p；光仅仅是波，频率用v表示。到了微观世界中，它们都被"小妖精"h附身，表现出了波粒二象性。

图2-2（c）所示的双缝电子干涉实验是电子波粒二象性极好的实验验证。

光波双缝实验的提出时间比量子理论的诞生还要早上

100年。如图2-2（a）所示，通过挡板上双缝后的两条光线，在屏幕上形成了明暗相间的条纹，这被称为干涉现象。英国物理学家托马斯·杨用这个简单实验挑战了牛顿的微粒说，证明了光是一种波，因为只有波才有干涉现象：屏幕上的亮的地方是波峰与波峰叠加而成，暗处则是波峰与波谷叠加互相抵消而成。

经典粒子不是波，不会发生干涉。如图2-2（b），将一颗一颗的子弹射出并随机地通过双缝，打在屏幕上后只会形成两条线，不会形成干涉条纹。

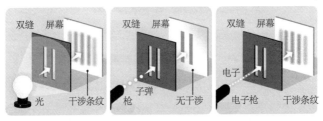

（a）光的双缝实验　　（b）经典粒子的双缝实验　　（c）电子的双缝实验

图2-2　双缝实验

既然德布罗意提出了物质波的概念，认为电子不仅仅是粒子，也是一种波，那么，电子经过双缝后将如何表现呢？ 1961年，德国蒂宾根大学的克劳斯·约恩松让电子通过双缝，结果观察到了电子的干涉现象，如图2-2（c）所示。后来的物理学家在实验中，将电子如同图2-2（b）的子弹那样，一粒一粒地发射出来，打到屏幕上，仍然观察到了干涉现象。因此，我们必须将电子当成一种波动，才能解释电子双缝实验的结果，因为只有波才会产生干涉现象。

2002年，在《物理世界》杂志评选出的十大经典物理实验中，"电子的杨氏双缝实验"位列第一。物理学家费曼认为，杨氏双缝电子干涉实验是量子力学的心脏，"包含了量子力学最深刻的奥秘"。

这个奥秘在这里的表现就是电子的二象性：同时既是粒子又是波。电子是粒子，它可以如子弹一样一颗一颗地发射，电子也是波，能和光波一样产生干涉。

在经典物理中，粒子和波是两种完全不同的物理现象，但在量子理论中，波粒二象性是所有微观粒子的基本属性，无论是原子、电子，还是光，都既是粒子又是波。子弹当然也有波动性，但其波长比它的宏观尺度小得多，所以我们在屏幕上不会观察到干涉条纹。

波函数的迷雾

一个世纪以来，已经有许多实验证明了电子的波动性，这种波用薛定谔方程来描述，我们称之为波函数。

通过上一节的分析和比喻，波粒二象性似乎不难理解，德布罗意以一个简单公式（$\lambda = h/p$）就将波动性加到了电子身上。但仔细推敲一下，问题就来了。量子力学就是这样，用起来方便又精确，有严密的公式可供计算，但解释起来，麻烦就来了。

比如说，从我们的直觉来看，粒子和波的运动方式是完全不同的，经典物理也将两者分得很清楚：粒子就是粒子，波就是波。行星绕太阳转圈，在一定的轨道上运动，子弹射出枪膛后，按照抛物线到达目标，这种运动类似于粒子。另一方面，水波荡漾在水面上，太阳发出的光波照射到四面八方，弥漫于所有的三维空间，这是波。这两种方式的差异可以简单总结为一句话：粒子在运动时，在每个时刻只占据空间的一个点，而波在每个时刻都同时存在于空间所有的点上。那么，微观世界中的"电子波"是什么意思呢？难道电子会同时存在于空间所有的点上吗？这就令人觉得有些匪夷所思了。

以上的疑问实际上是对波函数的疑问：波函数到底是什么？

根据薛定谔方程，物理学家们能精确地计算出氢原子的能级和波函数，其结果得到了无数实验结果的支持。看起来，薛定谔方程在量子力学中扮演的角色已经类似于牛顿第二定律在经典力学中的角色。然而，牛顿经典力学曾经带给物理界一片晴空，薛定谔方程诞生之后，量子力学领域却远远没有万事大吉。反之，如今回望历史，薛定谔方程的诞生正是量子物理学家们迷惑和争论的开始，似乎一切都是波函数惹的祸。

解牛顿方程，可以得到粒子在空间中随时间变化的轨迹。这轨迹容易被人理解，即使看不见摸不着，大多数时候我们也能够在脑海中（或纸上）画出来。而从薛定谔方程解出的电子运动规律，却是一个弥漫于整个空间的"波函数"。这个波函数解释了实验，也发展了理论，但它到底是什么东西？怎样才能将它与人们脑海中的小球状电子的运动轨迹联系起来呢？

薛定谔自己就无法解释他引入的波函数。他曾经设想波函数代表了电子电荷在空间的密度分布，这个想法在计算中完全行不通，在直觉上更是令人感觉可笑，一个小小电子的电荷怎么会变得在整个空间到处都是呢？试想一下，世界上有数不清的电子，每一个电子的电荷都分布在各处，这样的世界才真是乱了套！

那段时间，有关波函数的解释令人们伤透了脑筋，终于有人提出了一个还算靠谱的假设，那是1926年玻恩给出的概率解释。他假设这个波函数的平方代表电子在空间某点出现的概率，也就是说，量子力学中的电子不像经典粒子那样有决定性的确定轨道，而是随机地出现于空间中某个点。不过，电子出现在特定位置的概率是一定的，是由确定性的方程解出的波函数决定的。也就是说，波函数是描述电子现身位置的"概率幅"。不少人支持这个想法，虽然薛定谔本人并不赞同这种统计或概率的解释。之后，随着量子力学的深入发展，波函数引发了更多的谜团，其中包括海森堡不确定性原理、波函数坍缩、量子测量的主观性、量子纠缠等等一系列量子诡异现象（后文会一一介绍），连爱因斯坦也坐不住了。物理学界的大咖们基本形成了两大派：以玻尔为代表的哥本哈根学派，以及以爱因斯坦、薛定谔等人为首的反对派。第4章中我们将介绍的爱因斯坦与玻尔的"量子世纪大战"，就是两派之间不同观点的争论。

实际上，爱因斯坦不可能反对量子力学本身，这是他一手创建且在他支持下发展起来的理论。爱因斯坦也不是不懂概率，只是不能接受哥本哈根学派对波函数的概率诠释。但他仅仅表明了立场，提出了几个思想实验作为反例，却没能自己创建出一个有建设性的、新的量子理论的框架和诠释。

另一方面，当时在玻尔领导下的一群与量子力学同龄的年轻人：玻恩、海森堡、泡利以及狄拉克等，他们组成的哥本哈根学派成为当时世界的量子研究中心，对量子力学的创立和发展做出了杰出贡献。玻尔等提出的哥本哈根诠释长期主宰物理学界，是被广为接受的主流观点。即使今后被别的诠释或理论所代替，哥本哈根学派及其诠释在量子力学的发展道路上也功不可没。

总之，围绕电子的这团波函数"迷雾"，以及这团迷雾所导致的学术纷争，直到今天依然存在，使得量子力学拥有种类繁多的不同诠释。在本书中，我们采用比较主流的哥本哈根诠释，基本上将波函数理解为概率分布。除此之外，常见的量子力学诠释还有多世界诠释、系综诠释、交易诠释等。

薛定谔的猫

在经典物理中，粒子任何时刻的状态都是空间中一个固定的点。而量子力学中电子的运动，则要由弥漫于整个空间的波函数来描述。波函数不能准确确定电子的位置，某一时刻的电子，有可能位于空间中的任何一点，只是位于不同位置的概率不同而已。换言之，电子在这一时刻的状态，是由电子在所有固定点的状态按一定概率叠加而成的，或可称之为电子的量子"叠加态"。而每一个固定的点，可被认为是电子位置的"本征态"。

空间中有无穷多个点，便有无穷多个位置的本征态，电子状态是无穷多个本征态的叠加。但为了更方便地解释概念，我们要把问题尽量简化，因此我们假设，电子仅仅可能存在于两个固定位置A和B，那么电子的状态便是"A"和"B"的叠加。另外，量子态也不一定是位置的函数，例如我们可以考虑电子的自旋（后面将会介绍这一概念），那么就只有两种固定状态：上或下。为了简便起见，后文中谈到量子态时，均指仅有两个本征态的情况：A、B（或上、下）。

用自旋"上、下"的语言，我们可以详细解释一下什么是叠加态。根据我们的日常经验（即经典力学的经验），一个物体某一时刻只会处于某个固定的状态。比如我说，女儿现在在客厅，或者现在在房间。这表示，女儿要么在客厅，要么在房间，一定是这两种状态中的一种，表达得十分清楚。然而，在微观的量子世界中，情况却有所不同。微观粒子处于叠加状态，这种叠加状态是不确定的。例如，电子有"上""下"两种自旋本征态，犹如女儿可以"在"和"不在"房间。但不同之处是，女儿只能"在"或"不在"，电子却可以同时是"上"和"下"。也就是说，电子既是"上"，又是"下"。电子的自旋状态是"上"和"下"按一定概率的叠加，例如自旋为"上"和自旋为"下"的概率各为50%，也可以是70%和30%、54%和46%等等，只需要满足归一化条件：两个概率相加等于1即可。

虽然本征态已经简化到只有"上""下"两个，但可能存在的叠加态却仍然有无穷多，因为叠加态是本征态按概率的叠加，两个概率的组合可以有无穷多。两个本征态自身也是无穷多个叠加态中的两个特例——自旋为"上"的本征态可以看作自旋为"上"的概率为100%，为"下"的概率为0%，但这两个特例和无穷多的一般情况没法比，所以，一般来说，电子的状态都是叠加态。

如果将叠加态概念用于经典情形，就好比是说，女儿"既在客厅，又在房间"，这种在日常生活中听起来逻辑混乱的说法，却是量子力学中粒子所遵循的根本规律，不是很奇怪吗？聪明的读者会说："女儿此刻是'在客厅'还是'在房间'，同时打开客厅和房间的门，看一眼就清楚了。电子自旋是上，还是下，测量一下不就知道了吗？"说得没错，但奇怪的是，当我们对电子的状态进行测量时，电子的叠加态就不复存在，它的自旋会坍缩到要么是"上"，要么是"下"，即两个本征状态的其中之一。在后面的"测量影响结果"一节中，我将专门介绍上述的波函数坍缩现象。不过，既然测量到的只是固定状态，听起来好像和我们日常生活经验差不多嘛！但是，在观测之前，量子物体与经典物体的状态在概念上就有着根本的不同。在经典情况下，即使父母不去看，女儿在客厅或房间是已成事实，并不以"看"或"不看"而转移；而微观电子就不一样了：它在被观察之前的状态并无定论，是"既朝上又朝下"的叠加状态，直到我们去测量它，叠加状态才坍缩成一个确定的本征态。这是微观世界中量子叠加态的奇妙之处。

叠加态是理解量子理论的关键，人们耳熟能详的"薛定谔的猫"，就是用来描述叠加态的经典比喻，这句短语背后究竟有怎样的典故呢？

图 2-3　薛定谔的思想实验

　　它是薛定谔想出的一个有关"猫"的思想实验，用以嘲笑哥本哈根学派对"波函数"概念的概率解释。以下是他的实验描述：把一只猫放进一个封闭的盒子里，盒子中有一个由放射性物质原子控制的装置和毒气设施。放射性是一种量子现象，因而有本质上的概率属性。设想这个原子的原子核有50%的可能性发生衰变，衰变时发射出一个粒子，然后，这个粒子会触发毒气设施，从而杀死这只猫。根据量子力学的原理，研究者未进行观察时，这个原子核处于已衰变和未衰变的叠加态，因此，这只可怜的猫应该相应地处于"死"和"活"的叠加态。猫非死非活，又死又活，处于不确定的状态，直到有人打开盒子观测才能有确定的结局。

　　实验中的猫，可类比为微观世界的电子（或原子）。在量子理论中，电子可以不处于一个固定的状态（上或下），而是同时处于两种状态的叠加（上和下）。如果把叠加态的概念用在猫身上的话，那就是说，处于叠加态的猫是半死半活、又死又活的。

量子理论认为：如果没有揭开盖子进行观察，薛定谔的猫的状态是"死"与"活"的叠加。没有人打开盒子进行观测的话，此猫将永远处于同时是死又是活的状态，这是严重违背我们日常经验的荒谬结果。薛定谔认为：一只猫，要么是死的，要么是活的，怎么可能不死不活、半死半活呢？尽管现实中的猫不可能又死又活，但电子的行为就是如此，这个思想实验使薛定谔站到了自己奠基的理论的对立面，因此有物理学家调侃地说道："薛定谔不懂薛定谔方程！"

这个听起来似乎荒谬的物理思想实验，不仅在物理学方面极具意义，在哲学方面也引申出了很多的思考。有人如此解读"薛定谔的猫"：两个人在开始恋爱前，不知道结果是好或者不好，这时，可以将恋爱结果看成好与不好的混合叠加状态。如果你想知道结果，唯一的方法是去试试看，但是，只要你试过，你就已经改变了原来的结果！

不确定性原理

德国物理学家海森堡出生于1901年，与量子力学一起成长，后来成为哥本哈根学派的核心人物，也是玻尔最得力的助手之一。

在薛定谔推导出薛定谔方程之前，海森堡和同行们已经为量子力学建立了第一套数学体系：矩阵力学。之后，薛定谔证明，矩阵力学与薛定谔方程的波动力学两种描述在数学上是等效的。但物理学家们习惯于使用微分方程，因为那是他们在牛顿力学中驾轻就熟的东西，人们也喜欢直观的波函数图像，不喜欢矩阵力学枯燥乏味的数学运算。尽管波函数的物理意义不甚明了，但有了图像，概念才显得直观明晰，人们才能有所理解并发挥想象。于是，学者们兴高采烈地研究和应用薛定谔方程，将矩阵力学冷落在一旁。人们对矩阵力学的忽略，使海森堡颇为失落，并且对此耿耿于怀。因此，海森堡决心给自己的理论配上一幅更直观的图像。

在努力用图像来描述电子的运动轨迹的尝试中，海森堡发现电子的运动实际上并无轨迹可言。因为电子的位置与动量不可能同时被确定：位置的不确定性越小，动量的不确定性就越大，反之亦然。

海森堡由此提出了不确定性原理，他认为用位置、速度等瞬时变化的经典物理量来描述量子理论中粒子的运动状态是不合适的。海森堡的不确定性原理，实际上也受到了爱因斯坦"可观察物理量"思想的启发。爱因斯坦认为，一个完善的理论，必须以直接可观察的物理量为依据。但讽刺的是，海森堡受启发得到的结论却是爱因斯坦至死都不愿接受的不确定性原理。

不确定性原理是自然界的一个基本原则，是微观电子波动性的本质所决定的。波动性产生了数学方程中的一对"共轭变量"，对于每对共轭变量，我们无法同时准确测量它们，鱼和熊掌不可兼得，顾此而失彼。事物都是彼此制约、互相限制的，不确定性原理反映了自然界的这一本质。如此互相限制的共轭量（对）不仅限于位置和动量，其他诸如能量和时间、信号传输中的时间和频率等等，都是共轭变量对的例子。

海森堡是哥本哈根学派的重要成员。当年玻尔的弟子中人才辈出，海森堡的师弟兼好友泡利也是其中之一。泡利言辞犀利，为人刻薄挑剔，人称"上帝的鞭子"，但他观察细致、思想敏锐，往往能批判到对方物理概念中的关键之处。因此，同事们都很看重他的评论，并称他为"物理学的良知"。

　　泡利在1925年通过分析实验结果得到了不相容原理，这个原理成为原子物理学与分子物理学的基础理论，它促进了对化学基本理论的深入研究，为人类展示出一个变幻多端、奥妙无穷且应用范围极广的化学世界。

上帝掷骰子吗

　　当年的年轻物理学家们对量子力学孜孜不倦的追求和杰出的贡献，令爱因斯坦颇为激动，然而，哥本哈根学派对量子现象的概率解释又让他皱紧了眉头。

　　电子的运动怎么可能是随机的呢？"上帝不掷骰子"，这是爱因斯坦重复多次的话，表明他不同意对量子力学的概率解释。爱因斯坦在这句话中所说的"上帝"，指的是大自然遵循的物理规律。以我们现在的眼光来看，爱因斯坦是经典的机械决定论者，机械决定论者认为世界在本质上不是随机的，是遵循着决定性的规律的。

　　按照经典力学的观点，如果我们抛出一块石头，只要我们准确掌握它飞出时上面的每个点的初始速度和受力情况，再求解宏观力学方程，就可以确定它掉下来时的位置和速度了。虽然涉及的变量很多，方程将会非常复杂，但这种计算在原则上总归是可能的。也就是说，经典物理认为，宇宙中不存在真正的随机性。那些貌似随机的现象，如果从更深一层的结构和理论来看或计算，都能得到决定性的结果。关于所谓"更深一层"的详细信息，我们可以把它们统称为我们不知道的、尚未发现的"隐变量"，一旦我们找出了这些隐藏着的变量，随机性就不存在了。或者说，经典物理认为，隐变量是随机性的来源。

然而，哥本哈根学派认为，量子理论中的不确定性与经典世界中的不确定性不一样。他们认为微观世界的不确定性并非来自知识或信息的欠缺，而是事物的内在本质。随机性是内在的、本质的，没有什么隐藏得更深的隐变量，有的只是"波函数坍缩"到某个本征态的概率。

爱因斯坦说"上帝不掷骰子"，实际上想表达的观点是世界的本质绝非随机的。爱因斯坦并非不懂概率，他只是固执地认为，自然规律表现出来的随机性只是表面的，电子波函数坍缩得到自旋为上的结果看似是随机得到的，其实早就被深层的"隐变量"预先决定了。

爱因斯坦已经逝世60多年了，虽然量子力学诠释的困扰仍然存在，但是科学家依然尚未找出支持爱因斯坦这句话的任何证据。恰恰相反，越来越多的实验事实似乎都在证实：上帝确实掷骰子。几十年后，英国物理学家霍金看着历年的实验记录，垂头丧气地说："上帝不但掷骰子，他还把骰子掷到我们看不见的地方去了！"

测量影响结果

提出不确定性原理的同时，海森堡也提出了哥本哈根学派的另一个核心观点——波函数坍缩，其目的是解释不确定性原理与量子测量的关系。

物理学所关注的只是可观察的事物，然而，观察需要通过测量来进行，但测量需要工具，对电子行为的测量免不了让电子与某种外界影响相互作用。这样，对电子的观察必然伴随着对电子运动的干扰，如图2-4所示。

对于经典测量行为，干扰的尺度远小于被测量物体的尺度，可以忽略。但进行量子测量时，被测量物体的尺寸太小，因此不能忽略测量干扰带来的影响，所以，微观世界需要遵循不确定性原理。

一个具有一定动量的微观粒子的位置是不确定的，我

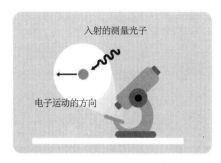

（a）测量之前

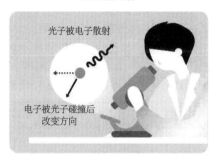

（b）测量发生后

图 2-4　测量影响电子运动

们根本不知道它在哪里。一旦我们去看它，它瞬间就出现在某个位置，因而得到的是电子处于一个位置的确定结果。为了解释这个过程，海森堡引入了波函数坍缩的概念。海森堡说，在人观察的一瞬间，电子本来不确定位置的"波函数"一下子坍缩成某个确定位置的"波函数"了。这个概念之后又被数学家冯·诺伊曼推广，并纳入量子力学的数学公式表达体系中。

为了描述波函数，我们引入了量子叠加态的概念，电子的运动可以表示成不同的位置确定的态的叠加，也可表示成不同的速度确定的态的叠加。当观察者测量位置时，量子态就随机"坍缩"到一个具有明确位置的量子态；当观察者测量速度时，量子态就随机"坍缩"到一个具有明确速度的态，坍缩到某个态的概率与叠加系数有关。

也就是说，量子力学中用两种过程来描述电子的运动，一个是测量之前由薛定谔方程（或狄拉克方程）描述的波函数演化过程，是可逆的；另一个是测量导致的不可逆的"波函数坍缩"。前者被大多数人认同，后者属于哥本哈根诠释。甚至今天，波函数概念所引发的论题仍旧尚未获得令人满意的解答。据说当年玻尔自己也没有完全接受波函数坍缩的观点。

测量对结果的影响和"波函数坍缩"的说法，导致了一个哲学上的问题：测量是主观的吗？如何理解测量的本质？谁才能测量？只有"人"才能测量吗？测量和未测量的界限又在哪里？

哥本哈根学派有个说法："任何一种基本量子现象只在

其被记录之后才是一种现象。"这句绕口令式的话导致人们如此质问哥本哈根学派：难道月亮只有在我们回头望的时候才存在吗？但笔者认为，这个疑问实际上是对哥本哈根诠释的误解。

经典物理学从来都认为物理学的研究对象是独立于"观测手段"存在的客观世界，而哥本哈根学派对量子力学测量的解释，却似乎将观测者的主观因素也纳入了客观世界，两者无法分割。不过，认为在测量中主观客观难以分割，并不等于否定客观世界的存在。

玻色子和费米子

电子等微观粒子的波动性，使得它不可能像经典粒子一样被准确"跟踪"，因而便不可能因不同的"轨道"而被互相区分。所以，量子力学认为同一种类的微观粒子是"全同"的、不可区分的，并称之为"全同粒子"。例如，电子和电子无法区分，质子和质子无法区分，光子和光子无法区分……当然，各类粒子之间，还是可以区分的，如电子和质子可以区分，起码它们的质量就大不相同。

全同粒子没有任何个体特征，就像一大堆完全一模一样的围棋棋子聚在一起一样。粒子多了就应该显现出某种统计规律，就好像随机抽一个班的学生测量身高，个子最高的学生和个子最矮的学生人数都比较少，而中等个子的学生人数较多。量子力学中的统计规律也与经典物理不一样。最典型的经典统计规律是麦克斯韦统计分布，它描述的是在理想气体中大量分子聚集在一起时的速率分布规律，即如图2-5所示的分布曲线。分布曲线所表示的是具有各种速率的粒子数，从麦克斯韦分布可看出，速率为0和速率最大的粒子数都不多，中间值速率的粒子数最多。

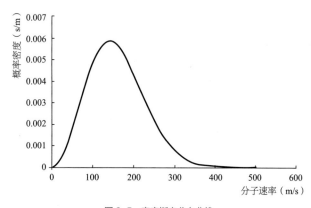

图2-5　麦克斯韦分布曲线

　　量子力学中的统计规律有两种，由此可将全同粒子分类为玻色子和费米子。它们遵循不同的量子统计规律：玻色–爱因斯坦统计和费米–狄拉克统计。组成物质结构的质子、中子、电子等均为费米子，光子是玻色子。

不同微观粒子的不同统计性质，与它们不同的自旋量子数有关（后文会提到，自旋也是一个量子化的物理量，不同种类的粒子有不同的自旋量子数）。玻色子是自旋为整数的粒子，比如光子的自旋为1。另一类称为费米子的粒子，自旋为半整数，例如，电子的自旋是1/2，前文提到电子自旋可以取"朝上"和"朝下"两种状态，分别就对应+1/2和–1/2的自旋量子数。

两种统计规律不仅仅可以应用于基本粒子，也可以应用于复合粒子，比如夸克结合而成的质子、中子，及各类型的介子，以及由质子和中子结合而成的原子核等，都属于复合粒子。由奇数个费米子构成的复合粒子，也为费米子；而由偶数个费米子构成的复合粒子，则为玻色子。

多个玻色子可以同时占据同一个量子态，而两个费米子不能同时占据同一个量子态，这是玻色子与费米子之间一个很重要的区别。打个比方说，玻色子是一群好朋友，而费米子则是互相排斥的一个个"大侠"。如果有一伙玻色子去住旅馆，它们愿意共处一室，住一间大房间就够了；而如果一伙费米子去住旅馆，它们每人都需要一间独立的房间。

费米子的行为遵循的这一原则，就是前文所说的"泡利不相容原理"。电子遵循这一原理，在原子中分层排列，物理学家由此而解释了元素周期律，这个规律描述了物质化学性质与其原子结构的关系。

因为玻色子可以同居一室，所以有时大家会拼命挤到同一个状态。比如，光子就是一种玻色子，许多光子可以处于相同的能级，所以，在激光器中，我们才能让所有的光子都有相同频率、相位、前进方向，形成超高强度的光束。

如上所述的玻色子和费米子的不同统计行为，也是量子力学中最神秘的侧面之一！

经典的玻尔兹曼统计、玻色–爱因斯坦统计和费米–狄拉克统计，分别适用于三种不同性质的微观粒子：经典粒子、玻色子和费米子。三种统计规律不同是因为这3种粒子的本性不同。我们再举一个简单的例子，通过两个粒子A、B住进三间房子F1、F2、F3的情况，来理解这三种统计规律的区别。

我们最熟悉的是经典粒子的情况，等同于两个人住3间房子的情况，可能的方案有图2–6中所示的9种。经典粒子彼此之间可以区分，而且既可以一个粒子住一间房子，也可以两个粒子合住一个房子，因此，两个经典粒子入住的方法共有9种。如果这两个粒子是费米子，则入住的方式只有1、2、3这三种。这是因为费米子遵循泡利不相容原理而排除了方案4、5、6，又因为它们无法被区分而使得7、8、9完全等同于1、2、3。对两个玻色子来说，它们也不能被区分，但可以同住一间，所以便有1到6的6种分配方法。

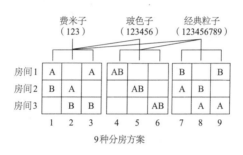

图 2-6 两个粒子住三间房子的不同情况

除了各有其特性之外，三种粒子还有一个共同性质：大家都喜欢住在低处，即能量更小的地方。特别是在温度接近绝对零度时，只要有可能，它们都会拼命往低处靠，好像越低越安全似的。所以，经典粒子和玻色子在接近绝对零度时，全部都挤在那个最底层的房间里，只有费米子仍然坚持自己喜欢独居的风格，井井有条地从最底层开始一个一个排队住进给它们打造的"单间"量子态中。

隧穿效应

放射性是大家熟悉的名词，它是一种原子核自发放出射线，并变成另一种原子核的性质。其中有一种放射性过程叫作 α 衰变，说的是不稳定的较重原子核，通过自发放射一个 α 粒子，即氦原子核，而转变为另一种较轻原子核的过程。

α 粒子为什么会自发地从原子核内飞出来呢？这一点令物理学家们困惑了很长一段时间。最后，来自苏联的美国物理学家伽莫夫在 1928 年提出量子隧道（或隧穿）效应，解决了这个问题。

一般来说，原子核内部有一种很强的作用力，将所有的核子（包括质子和中子）吸引在一起，限制在小小的原子核内部。α 粒子由两个质子和两个中子组成。当原子核内部两个质子和两个中子聚集在一起，就在原子核内部组成了一个 α 粒子，但这个 α 粒子仍然被紧紧地束缚在原子核中，这种强大的束缚作用形成一道屏障，就像围绕原子核筑了一堵高墙，禁止 α 粒子飞出去。

物理学中通常将这种束缚粒子的能量屏障称为"势垒"，根据经典理论（见图 2-7 的上图），只有能量大于势垒高度的粒子才有可能飞到势垒的外面。而在一般情形下，一

个 α 粒子是没有足够的能量越过核势垒的。但事实上,发生 α 衰变时,粒子确实从原子核中逃脱出来了,也就是说,α 粒子能够"穿越墙壁"!这就是伽莫夫提出的量子隧穿效应。

根据量子力学,由于 α 粒子的波动性,它将有一定的概率穿透势垒而达到核外(见图 2-7 的下图),尽管这一事件发生的概率很小,但不为零!伽莫夫根据量子隧穿效应建立了 α 粒子的衰变理论,成功地解释了 α 粒子的衰变现象。这也是量子力学对原子核研究最早取得的成就之一。

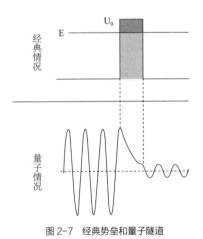

图 2-7 经典势垒和量子隧道

在经典力学中,不可能存在或发生"穿墙术"这种怪事,粒子不可能越过比它的能量更高的势垒。好比我们骑自行车到达了一个斜坡，如果斜坡较低，自行车具有的动能大于坡度的势能，骑车人不用再踩踏板就能"呼哧"一下过去了。但如果斜坡很高的话，自行车的动能小于坡度的势能时，如果不踩踏板，车行驶到半途就会停住再沿原路返回，不可能越过去。

　　隧穿效应可以用量子力学中微观粒子的波动性来解释。因为根据波动理论，电子波函数将弥漫于整个空间，粒子以一定的概率（波函数平方）出现在空间每个点，包括势垒"墙壁"以外的点。从计算的方面，粒子穿过势垒的概率可以从薛定谔方程解出来。结果表明，即使粒子能量小于势垒最高处的能量，一部分粒子可能被势垒反弹回去，但仍然有一部分粒子可以穿过势垒，就好像势垒底部存在一条隧道一样。

　　隧穿效应不仅解释了许多物理现象，也有多项实际应用，包括电子技术中常见的隧道二极管、实验室中用于基础科学研究的扫描隧道显微镜等。

自旋

　　人们经常将电子绕核转比喻为行星的公转，而将自旋类比为自转。如今，公转被量子力学的概率波、电子云等概念代替，那么，自旋是否和地球自转一样呢？实际上，微观粒子的自旋，是一个量子理论中特有的概念，没有经典对应物。如果实在想直观地画出自旋，我们就只好将它画成电子自转的经典图像。

然而，自转的经典图像与量子力学中的自旋有很大不同。因为自旋是微观粒子的内在属性，不能用经典转动的图像来解释。例如，如果将自旋看成电子绕自身旋转的话，电子"赤道"部位的速度将会大大超过光速，这是违背狭义相对论的。

除此之外，电子自旋还有许多不符合经典规律的量子特征。

经典物理中衡量旋转的物理量叫角动量，它与旋转方向、速度、半径和旋转物体的质量都有关。在经典物理中，角动量可以取连续的不同的数值。但电子的自旋就不一样了。电子的自旋也用角动量来衡量，但自旋角动量是量子化的，无论你从哪个角度来观察自旋，你都可能得到，也只能得到两个数值中的一个：1/2，或–1/2，也就是所谓的"上"或"下"两种本征态。

电子的自旋被解释为电子的内在属性，即这种性质是与生俱来的，不是外力赋予的。例如，你可以用外力旋转一个陀螺，控制它的转动速度，可快可慢，可转可停。但电子的自旋不是这样，它的数值永远是1/2，这是天生的，不受任何控制而改变。除了电子之外，别的基本粒子也都有相应的与生俱来的自旋数，可以是整数或分数，比如，光子的自旋是1。

经典电磁学告诉我们转动的电荷会产生磁场。虽然电子自旋并不是电荷在"转动"，但它能产生类似的磁效应。

在量子力学的"英雄谱"中，与自旋密切相关的，有奥地利物理学家泡利和英国物理学家狄拉克。

泡利与量子力学同一年诞生。20多年后，他成为量子力学的先驱者之一，是一位颇有特色的理论物理学家。他当年为了解释反常塞曼效应中原子谱线分裂的规律，提出了不相容原理，同时引入了4个量子数来描述电子的行为，它们分别是：主量子数n、角量子数l、总角量子数j、总磁量子数m_j。

泡利对自旋概念的发展可以说是有功有过。他很早就开始研究自旋。也许因为他自己对这个问题想得太多了，来自德国的同行克罗尼格提出"自旋"概念并来请教泡利时，遭到了他的严厉批评。固然，当时泡利批评的是"电子自转"的图像，而非作为内在特性的自旋，但无论如何，他的批评令克罗尼格打消了这个想法，从而让克罗尼格错失了首次提出自旋的机会。

泡利虽然反对将自旋理解为"自转"，却一直都在努力思考自旋的数学模型。不过，用数学模型导出自旋这件事最终是由英国物理学家狄拉克实现的。

狄拉克比泡利小两岁，两人性格迥异。泡利以爱挑人毛病的"上帝的鞭子"著称，狄拉克则以精确和沉默寡言而闻名。你听过"狄拉克单位"吗？它不是狄拉克在物理学中的创造，而是当年狄拉克在剑桥大学的同事们描述他时所开的善意的玩笑，他们将"1小时说1个字"定义为1个"狄拉克单位"。

狄拉克是一个少见的"纯粹"学者型人物，特别追求物理规律的数学美，他对量子理论的贡献可说是无与伦比。他在1925至1927年所做的一系列工作，为量子力学、量子场论、量子电动力学，以及粒子物理奠定了基础。

狄拉克在1928年发表了著名的狄拉克方程，实现了量子力学和相对论的第一次结合。狄拉克将泡利曾经使用过的旋量的概念引进量子力学，通过狄拉克方程，更系统、更美妙地描述了电子自旋这一个极其重要的内禀性质。欣赏数学美的狄拉克，为量子力学的篇章增添上了十分美妙的一页。

第 3 章
我们身边的量子应用

也许有人说，量子力学固然有趣，但它只适用于那么小的微观世界，看起来与我们的日常生活没有多大关系。这可就大错特错了，量子力学的理论早就已经成熟，并且用在许多现代技术设备中。从激光、电子显微镜、原子钟，到医院里已经广泛使用的磁共振医学图像显示技术，都运用了量子力学的原理和效应。量子理论不仅解释了量子世界奇特的现象，也带来了改变我们日常生活的强大应用。以下略举几例。

神秘的激光

我们对激光毫不陌生，它的应用十分广泛，从激光笔、激光手术医疗、激光焊接、激光切割、激光测距，到照明和娱乐，甚至在军工制造业，都有激光的应用。各种激光器的开发还催生了现代电子学和光学通信，促成了信息革命，可以说从根本上改变了人类的生活。

激光和普通光不同，它是一种相干光。普通光是由物体的热辐射或受激发的混合荧光粉发出的，其中每个光子能量不完全一样，跑的方向不完全一致，跑的速度也不是完全相同，细看起来有些杂乱无章［见图3-1（a）］。而相干光中的所有光子像是一模一样的机器人，处于相同波长，并且其波峰和波谷完全同步，互相协作，井井有条［见图3-1（b）］。所以，激光具有高强度、单色等优良特性，从而得以在多方面发挥其特有的用途。

那么，怎样才令激光中的光子同步奔跑呢？这个问题的答案便是量子力学。

作为量子力学的开创者之一，爱因斯坦不仅解释了光电效应，也提出了产生激光的想法，这是量子力学的第一个重要应用。1917年，爱因斯坦在一篇文章中提出"光与物质相互作用"的理论，阐述了原子受激发而辐射的光可能被放大而发出强光的现象，也就是现在的激光。根据量子力学的原子理论，电子分布在不同的能级上，高能级上的电子受到某种光子的激发，会从高能级跃迁到低能级，

（a）普通光

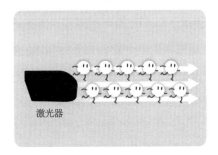

激光器

（b）激光

图 3-1　激光和普通光的区别

这时将辐射出频率与激发光子相同的光，这些光反过来再激发其他电子，在一定的条件下，形成雪崩一般的效应，能使得弱光激发出强光，称为"光放大"。如果没有量子力学，科学家就无法精确计算受激辐射，也难以发明激光。

理论先行，实验却不那么容易。1953年，美国物理学家汤斯及其同事成功得到了"受激辐射的微波放大"，但他们这次实验产生的是微波，还不是激光。后来，汤斯与他的学生亚瑟·肖洛合作，再接再厉提出了可见光波段的激光器的设计。汤斯和肖洛后来分别获得了1964年和1981年的诺贝尔物理学奖。

1960年，美国物理学家梅曼宣布制成了世界上第一台激光器［见图3–2（a）］。他将红宝石晶体制成圆柱体，在红宝石圆筒周围放了一个发出白光的高强度石英闪光灯。石英闪光灯发出的白光中的绿色和蓝色波长成分将红宝石中铬原子的电子激发到更高的能级。被激发的电子重新发射原始光子以及一颗与之同步运行的相同光子。也就是说，一个光子打入原子，会跑出两个光子，如图3–2（b）所示，然后，这两个光子再打入两个新原子，就跑出四个光子，这样不断进行下去，就能产生出大量的光子，形成激光。在此过程中，红宝石棒两端的反射镜使光子来回反弹，激发出更多的光子。当足够多的光子步调一致时，就产生了完美的相干光，形成一条相当集中的纤细红色光柱，从右边的半反射镜射出。

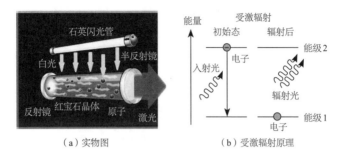

（a）实物图 （b）受激辐射原理

图 3-2 红宝石激光器示意图

量子握在你手中

人们经常忽略量子力学的用处，是因为它研究的原子、分子、电子看起来离我们的日常生活很远。但实际上，在现代技术中，量子力学无处不在。

例如，你时时握在手中的智能手机，可以说也是量子力学应用的产物。因为量子力学是固体物理理论的基础，而固体物理理论是半导体物理的基础，半导体物理又是集成电路的基础，集成电路是计算机的基础……如果没有集成电路的发明和研发，人类是不可能造出功能如此强大、体积又如此小的"手持计算机"的。所以，虽然你无法直观地看见量子力学中的电子这个主角，但你每一天都在把量子力学的应用成果装进口袋，捧在手中，甚至连睡觉时也会把它放在枕边。

我们知道，像银、铜、铁这样的导体可以导电，而塑料、橡胶这样的绝缘体则不导电。还有一部分材料导电性介于导体和绝缘体之间，且易受光照、温度等因素的影响，我们称之为半导体。虽然人类早就和半导体打过交道，认识到它不同于金属和绝缘体的特性，但真正明白半导体材料中电子的运动规律，并使其能用于实际工程中，要归功于建立于量子理论的基础上的能带理论。

能带是什么呢？我们介绍过玻尔的原子模型。在玻尔模型中，电子的轨道不是连续的，而是一级一级的，这些分立的轨道对应着原子中不同的能量值，称为"能级"。

图3–3（a）是单原子能级的示意图。在大多数纯净固

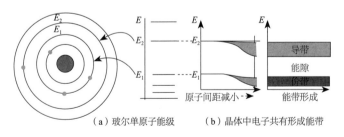

（a）玻尔单原子能级　　　（b）晶体中电子共有形成能带

图3-3　从能级到能带示意图

体材料中，多个原子有规律地周期性排列在一起，形成晶体。多个原子相互靠近时，每个能级会分裂成密集的多个能级，当大量原子周期性地排列在一起时，能级密集到一个程度就形成了能带［如图 3–3（b）所示］。

用固体中的能带理论，科学家们成功地解释了导体、绝缘体和半导体导电性质的差别，并发明了二极管和三极管。也正是在能带理论的指导下，科学家们才有了系统的方法寻找各种新型的半导体材料，将集成电路中的半导体器件越做越小并实现量产，从而才有了如此发达、造福人类的半导体工业。

从能带理论，到半导体工业，到集成电路，到你的手机，中间还有漫长的路程。我们不再详述其中的细节，但到此为止，你可能已经感到了量子力学对当代文明社会的重要性。

自旋的应用

前文提到，自旋完全是量子世界的概念，在经典物理中没有对应。所以，利用自旋性质发展出的技术，可以说是最能体现量子力学特点的技术。随着量子力学应用研究的深入，自旋也逐渐登上了应用的舞台。

核磁共振

如今在化学、生物、医学上大量应用的磁共振技术，其基本原理便是利用了原子核的自旋共振现象。核磁共振是磁共振的一种，它的主角不是电子，而是原子核。原子核也有自旋，不同的自旋取向在强磁场下会有不同的能量，可以吸收某些特定频率的电磁辐射，从而反映出物体的结构信息。例如，核磁共振成像技术是利用水分子中氢原子核的自旋共振来达到目的的。

将样本置于外磁场中，在入射的电磁波的激励下，氢原子核产生自旋共振，这个信息体现在从右端出射的电磁波中，最后由识别系统分离出来而形成图像。

因为人体内含有丰富的水，不同组织结构中的水含量不同，因此水中氢原子核产生的自旋共振之强度也不同，这些不同的强度信息经过分析便可得到人体组织结构中水分的分布情况，也就相应地向我们提供了关于人体内部结构的知识。

巨磁阻效应和自旋电子学

计算机技术的发展有目共睹。回顾计算机体积的变化过程是一件颇有趣味的事。看看1946年诞生的第一台通用电子数字计算机"埃尼阿克"（ENIAC）：重30吨，占地面积170平方米，看起来像一栋大房子。仅仅70多年之后，性能远超 ENIAC 的计算机器已经小到能装进我们的口袋。这不仅归功于数字电路集成度的增加，也归功于电池、硬盘等组件体积的缩小。

拿硬盘来说吧，世界上第一个磁性硬盘是 IBM（美国国际商业机器公司）于1956年发明的。它的重量超过1吨，体积有大约两个冰箱那么大，容量只有不到5 MB（5兆字节）。如今一块硬币大小的硬盘，存储量可达6 GB（6吉字节）。这种惊人的变化，其中也有自旋的功劳，主要在于"巨磁阻效应"的发现和应用。

巨磁阻效应指磁性材料的电阻率在外加磁场后会产生很大变化的现象，它来自电子的自旋，在1988年由德国的彼得·格林贝格和法国的艾尔伯·费尔分别独立发现，他们因此一同被授予了2007年诺贝尔物理学奖。1994年，IBM根据巨磁阻效应研制的新型读出磁头，将磁盘记录密度一下子提高了17倍，而这很快成为行业技术标准。今天，几乎所有最新的磁头读出技术都是基于巨磁阻效应研制出来的。

电子自旋产生的巨磁阻效应的发现及应用让电子工程

师们认识了自旋，看到了电子学——研究电子的科学的另一种发展方向。尽管电子学的发展和应用已有一百多年的历史，但电路和电子器件中所利用和研究的基本上只是电流，即电荷的流动，与自旋完全无关。前100年我们充分利用了电荷流动的特性，现在该是启用"自旋"的时候了。因此，近年来出现了自旋电子学（spintronics）这一新的领域，有了大量的理论创新及实验研究。利用电子自旋来制造速度快、耗能少、体积小、记忆长的电子器件，这是自旋电子学的目标。实际上，目前已有不少自旋半导体器件问世，如自旋滤波器、自旋场效应管、自旋激光器等。自旋电子学究竟前景如何，已有不少科研工作者投入研究，让我们拭目以待吧。

琳琅满目的化学世界

除了物理学之外，受量子力学影响最大的领域是化学。

尽管大多数化学家并不熟悉量子力学，但化学所涉及的原子、分子层次的基本规律，是需要量子力学才能导出的，因而量子力学为解释原子结构、分子构成等问题奠定了基础。

物质由分子构成，分子由原子组成。原子为什么能形成稳定的分子（或晶体）呢？这其中的理论也要通过量子力学来解释。

首先，将薛定谔方程用于氢原子，可以得到精确的电子轨道，对于多电子原子，量子力学也能近似计算出各个电子的轨道，通过原子内电子轨道的排布，就能成功地解释元素周期表。

量子力学不仅成功解释了单个原子的电子分布，还解释了原子与原子是如何结合形成分子的。科学家发现，化学反应的本质就是电子的相互作用。在这个意义上可以说，是量子力学把化学真正地置于科学的基础上。

要正确地解释分子的各类光谱、能量转换，预测分子性质，模拟分子间相互作用等等，也都必须在量子力学水平上计算。在分子模拟计算技术的推动下，近年来化学产品日新月异、琳琅满目，改善了我们的生活质量，这其中量子力学的功劳不可忽视。

以量子理论为基础的固体物理学及凝聚态物理学①，大大促进了材料科学的发展。纵观人类社会的发展，新型材

①　凝聚态物理学研究凝聚态物质（包括固体和液体）的结构与性质，是如今物理学的主要子领域之一。——编者注

料的发现和使用是非常关键和重要的一环。技术推进社会，材料改变时代，这是毋庸置疑的。而且，材料的性能还关系到人类社会中各种尖端技术和交通工具的安全。

如今，各种新材料多到令人眼花缭乱、目不暇接。量子力学不仅仅帮助人们解释和理解每种材料的独特性能，也帮助我们在原子结构的层面上设计、构造和制备出新型的物质材料，近年来热度颇高的纳米材料研究即为一例。

纳米技术指的是研究结构尺寸在0.1~100纳米范围内的材料的性质和应用的技术。实际上，它的目标是直接操作和使用单个原子、分子来构造物质结构，从而实现特定功能的量子相关技术。

近几年我们常听到的"石墨烯"，就是一种神奇的新纳米材料。尽管它的小规模"碎片"原本就天然存在于非常普通的石墨中，而且它被发现的过程颇富戏剧性（它是被曼彻斯特大学的两位教授用再普通不过的胶带从石墨中粘出来的），但对它的深入研究和应用却离不开纳米技术和量子理论，石墨烯材料的发现也大大地促进了纳米材料合成技术的发展。

石墨烯是一种由碳原子构成的二维完美晶体结构，之所以被称为二维结构，是因为它只由一层原子构成。在这

种情况下，电子运动的量子效应十分明显，解释它不仅要
用到量子理论，还需要相对论和拓扑学知识。图3-4中显示
了石墨烯材料的晶体结构，同时还有另外两种碳纳米材料：
富勒烯和碳纳米管。

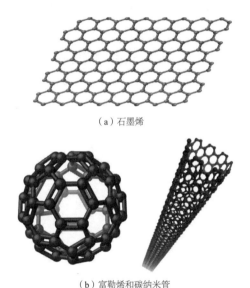

（a）石墨烯

（b）富勒烯和碳纳米管

图3-4　碳原子组成的新材料

图片来源：Rice University/CC BY 4.0。

　　材料科学必将在未来科技中大有作为，而这也将是量
子理论大展身手的领域。例如超导效应，特别是常温超导

效应，是科学家一直在不断探索和挖掘的领域。超导研究与石墨烯研究相通，也与凝聚态物理学研究密切相关。从微观角度上说，凝聚态物理学中的现象，只有通过量子理论，才能正确地被解释。

此外，最精确的时钟——原子钟的出现和研制，也有量子力学的功劳。尽管量子力学的不确定性原理告诉我们，在一定的条件下，时间是无法精准确定的，但同样根据量子力学，人类造出了准确到百万分之一秒的原子钟！没有这些精确计时钟的研发，人类不可能实现如今的GPS（全球定位系统）技术。

第 4 章
量子纠缠究竟是什么

尽管量子力学取得了极大的成功，也改变了我们每个人的生活，但量子力学深处的奇异性还是让人困惑不解，本章的主题——量子纠缠就是一个例子。何谓纠缠？如何纠缠？让我们从著名的玻爱世纪之争说起。

玻爱之争

玻尔和爱因斯坦是好朋友，两人都是量子力学的开创者和奠基人，但他们对量子理论的诠释却是各执己见，针锋相对，毫不退让。玻爱之争有三个回合值得一提，第一回合是在1927年的第五届索尔维会议上。那是一场物理学界的群英会。会议合影里的29人中，有17人获得了诺贝尔物理学奖。

　　量子力学各路英雄应邀而来。照片中的几乎每个人都对量子力学的发展做出了自己的贡献：普朗克的常数h，爱因斯坦的相对论和光电效应，玻尔的氢原子模型，玻恩的概率诠释，德布罗意的物质波，康普顿发现的康普顿效应，狄拉克提出的算符，薛定谔提出的薛定谔方程，布拉格发现的测定晶体结构的方法，还有海森堡的不确定性原理和泡利的不相容原理。此外还有居里夫人、洛伦兹、朗之万、威尔逊等等老一辈的大师级人物。

图4-1　1927年第5届索尔维会议的著名合影

　　玻爱之争的双方人马旗鼓相当：玻尔的哥本哈根学派在人数上占优势，但对手这边三个人物一个比一个分量重：

德布罗意、薛定谔、爱因斯坦。

在正式会议阶段，玻尔和哥本哈根学派对量子理论的解释占了压倒性的优势。爱因斯坦的质疑通常在正式议程之外提出，而两派人马的辩论和交锋，则大部分发生在每天会前会后的餐桌上。

爱因斯坦的观点可以用其名言"上帝不掷骰子"来概括。一般来说，常常是在早餐的时候，爱因斯坦会抛出他头天晚上苦思冥想设计出的思想实验，以证明量子力学概率诠释及不确定性原理的荒谬性，企图难倒玻尔。但到了晚餐的餐桌上，玻尔一派就想出了招数，一次又一次，成功地化解了爱因斯坦的攻势。当然，最后直到会议结束，两派仍然是各执己见，谁也没有被对方说服。

1930年秋天的第6届索尔维会议上，两派人马再次"华山论剑"。爱因斯坦提出了他著名的"光子盒"思想实验。如图4-2所示，实验装置是一个装有发光物质的密封盒子，盒上开了一个小洞，洞口有机械钟，可以精确控制挡板的开启时间。同时，盒子悬挂在一个精密的弹簧秤上，以测量其质量。实验开始时，先测量一次盒子质量，然后，在短时间内控制开启快门，让一个光子逸出，当快门关闭后，再测量一次质量。设小盒所减少的质量是 m，光子的能量即

为 $E = mc^2$。爱因斯坦认为,在这个实验中,时间由机械钟控制测量,光子的能量可通过弹簧秤测量质量差得到,两者独立进行,互不干涉,理论上都可准确测量,因此,这可以说明认为时间和能量不能同时准确测量的不确定性原理是不成立的,玻尔一派的观点不正确,量子力学不自洽。

爱因斯坦的光子盒实验,当场让玻尔哑口无言。不过,只过了一个夜晚,第二天,玻尔居然便"以其人之道,还治其人之身",找到了一段精彩的说辞,用爱因斯坦自己的广义相对论,戏剧性地指出了爱因斯坦这个思想实验的缺陷。

图 4-2　光子盒实验装置图

玻尔表示:光子跑出后,挂在弹簧秤上的小盒质量变轻,即会上移,根据广义相对论,如果时钟沿重力方向发生位移，时钟的快慢会发生变化，这样一来，小盒里的机械钟读出的时间就会因为这个光子的跑出而有所改变。换言之，使用这种装置，如果要测定光子的能量，就不能精确控制光子逸出的时刻。玻尔居然用广义相对论的公式，推出了量子力学中能量和时间遵循的不确定性关系。

爱因斯坦也被玻尔的回击惊得目瞪口呆，自此之后，便放弃了从不确定性原理这一方面来攻击量子力学的想法。"量子理论也许是自洽的，"他说，"但至少是不完备的。"

玻尔那晚也的确被爱因斯坦的"光子盒"问题扰得心神不安，虽然他有力地回击了爱因斯坦，但他仍然一直耿耿于怀。据说，在玻尔1962年去世时，他工作室的黑板上还画着当年爱因斯坦的那个光子盒。

索尔维会议每3年开一次，1933年是第7届，但那年爱因斯坦未能出席，因为他被纳粹赶出了欧洲，刚刚准备接受美国普林斯顿高等研究院的教授职位。没有爱因斯坦在场，德布罗意和薛定谔都不喜与人辩论，所以这一年的索尔维会议上，玻尔的哥本哈根学派唱了一场独角戏，一切安好。

抵达美国后，爱因斯坦不忘初衷，继续思考量子力学的诠释问题，决心设计一个更巧妙的思想实验，或者找出一个更好的例子，来说明量子力学的荒谬之处。终于在1935年，爱因斯坦设想出著名的"EPR佯谬"（E、P、R分别代表论文的三位作者爱因斯坦、波多尔斯基和罗森），这算是他与玻尔一派论战的第三个回合。

爱因斯坦在"EPR"论文中，第一次使用了一个超强武器，这一武器后来被薛定谔命名为"量子纠缠"。在说明爱因斯坦的文章之前，让我们首先了解一下什么是量子纠缠。

两个粒子纠缠

至此，我们谈到的奇妙的量子现象，都是单个粒子表现出来的。我们介绍过的量子力学的奇妙现象，从薛定谔的猫，到双缝实验中似乎同时通过两条缝的单个电子，都是匪夷所思的"叠加态"在作怪。之前对叠加态的解释，是针对一个粒子而言的。比如说一个电子，它可以处于自旋既为"上"又为"下"的叠加态，"上"与"下"两个状态按一定的概率叠加，如70%的概率为"上"，30%的概率为"下"。可以用一个经典例子来说明叠加态：一个孩子，可以戴白帽子或黑帽子。经典情况是他要么戴白帽子，要么戴黑帽子，一定是其中一种状态。而在量子世界中，孩子可以既带着白帽子又戴着黑帽子，直到观察时才坍缩到其中之一，这是我们反复强调的量子态和经典状态的根本区别。那如果粒子不是一个，而是两个，会发生什么呢？

　　我们仍旧用帽子做比方。如图4-3所示，房间里两个孩子A和B，每个人都可以戴白帽子或黑帽子，因此两个人的状态有4种。在经典的情况下，不管父母看见没看见，在某一个特定的时刻，他们在房间中的状态只能是这4种情形中的一种。

（a）A白B黑　　　　（b）A黑B黑

（c）A白B白　　　　（d）A黑B白

图4-3　经典粒子A和B戴黑白帽子情况有4种

　　两个孩子与一个孩子的区别不仅仅是戴帽子的状态总数多了一倍，而且我们需要考虑两个孩子之间的相关性。如果孩子A和孩子B独立选择帽子颜色，完全不受对方影响，图4–3中4种情况都有可能出现，且出现的可能性相等。但如果两个孩子商量之后决定戴不同颜色的帽子，最后出现的情况就只有"A白B黑"和"A黑B白"两种，如果A戴白帽子，B必定戴黑帽子，反之如果A戴黑帽子，则B一定戴白帽子。

　　量子纠缠把量子力学的叠加态与粒子之间的相关性结合在了一起。假设粒子A和粒子B都可以取自旋向上和自旋向下两种状态，而它们之间的相互关联决定了它们的自旋一定是相反的，那么两个粒子的状态就可以看作"A上B下"和"A下B上"两种状态的叠加，不可能存在第三种状态。在测量前，粒子A的自旋可以向上也可以向下，粒子B的自旋同样可以向上也可以向下，但一旦我们测量粒子A的自旋，粒子A的自旋就会被确定下来，而由于A和B之间的相关性，粒子B的自旋也就同时被确定下来了。

　　在以上例子中，"纠缠"让A和B的自旋态总是相反。但这只是一个特例，实际上，纠缠指的是两个粒子互相关联，这样的"关联"可以是其他形式，比如自旋态不是总是相反，而是总是相同，或者是既可能相反也可能相同，但相反的可能性比相同大。只要两个粒子相互关联构成叠加态，它们就会"互相纠缠"在一起，测量其中一个粒子的状态，就会影响到另一个粒子的状态，即使在两个粒子分开到很远很远的距离的情况下，这种似乎能瞬间互相影响的"纠缠"照样存在。

被纠缠的爱因斯坦

理解了量子纠缠，现在，让我们回到玻爱之争的第三个回合。虽然两人这次没有面对面争论，但他们之间的火药味不减当年。从科学意义上来说，这次可算是争论的高峰。那是在1935年，当时的爱因斯坦刚到美国不久，妻子又身染重病。玻尔则留守哥本哈根，在继续从事物理学研究的同时，还积极帮助世界各地被纳粹迫害的科学家寻找研究机构的工作机会。

在普林斯顿，爱因斯坦初来乍到，语言生疏，生活不顺，好在普林斯顿高等研究院是科研者的天堂，他找到了两位合作者：波多尔斯基和罗森，在《物理评论》(*Physics*

Review）杂志上发表了他们共同署名的论文。文章描述了一个佯谬，之后，人们就以三位作者名字的第一个字母命名，称其为"EPR佯谬"。

爱因斯坦等人在文中构想了一个思想实验，描述了一个不稳定的大粒子衰变成两个小粒子（A和B）的情况：在某个时刻，"砰"的一下，大粒子分裂成两个同样的小粒子。小粒子获得动能，分别向相反的两个方向飞出去。假设粒子有两种可能的自旋，分别是"上"和"下"，那么，如果粒子A的自旋为上，粒子B的自旋便一定是下，才能保持总体的自旋（角动量）守恒，反之亦然。也就是说，两个构成量子纠缠态的粒子A和B朝相反的方向飞奔，它们将会相距越来越远，但根据守恒定律，无论相距多远，只要不与别的"第三者"相互作用，它们的速度永远相等反向，它们的自旋取向也应该永远相反。

然后，观察者爱丽丝和鲍勃分别在两边对两个粒子进行测量。例如，爱丽丝可以测量粒子A的速度，她知道A的速度后，也就知道了B的速度，鲍勃无须再测量B的速度，另一方面鲍勃则可以精确地测量B的位置。从这一点，就似乎已经违背了"不确定性原理"。再进一步，如果他们测量粒子的自旋，那就更是会导出荒谬的结果，这就是后人所说的EPR佯谬。

根据量子力学的说法，只要爱丽丝和鲍勃还没有进行测量，两个粒子应该处于某种叠加态，比如"A上B下"和"A下B上"各占一定概率的叠加态（例如，概率各为50%）。然后，如果爱丽丝对A进行测量，A的状态便在一瞬间坍缩了，这是玻尔等人提出的"波函数坍缩"。比如说，A的状态坍缩为"上"。现在，问题就来了：既然爱丽丝已经测量到A为"上"，因为守恒的缘故，B的状态就一定为"下"。但是，此时的A和B之间已经相隔非常遥远，比如说几万光年，按照量子力学的理论，B也应该是"上""下"各一半的概率，为什么它能够在A坍缩的那一瞬间，做到总是选择"下"呢？难道A粒子和B粒子之间有某种方式及时地"互通消息"？即使假设它们能够互相感知，它们之间传递的信号需要在一瞬间跨越几万光年，这个传递速度超过了光速，而这种超距作用又是现有的物理知识不容许的。于是，爱因斯坦认为：这就构成了佯谬。

爱因斯坦强调不可能有超距作用，意味着他坚持经典理论的"局域性"。爱因斯坦认为：经典物理中的三个基本假设——守恒律、确定性和局域性，量子力学总不可能违背两个吧。因此，EPR的作者们得出结论：玻尔等人对量子理论的概率解释是站不住脚的。

让我们先了解一下爱因斯坦所说的三个经典假设。守恒律指的是一个系统中的某个物理量不随着时间改变的定律，包括能量守恒、动量守恒、角动量守恒等等。确定性说的是从经典物理规律出发能够得到确定的解，例如通过牛顿力学可以得到物体在给定时刻的确定位置。那局域性是什么意思？局域性也叫作定域性，认为一个特定物体只能被它周围的力影响。也就是说，两个物体之间的相互作用，必须以波或粒子作为中介才能传播。根据相对论，信息传递速度不能超过光速，所以，在某一点发生的事件不可能立即影响到另一点。量子理论之前的经典物理都是局域性理论。

爱因斯坦坚持三个经典假设。一般来说，在守恒律方面争议不大。量子力学中的不确定性原理已经否定了确定性，这是爱因斯坦不认可的。而现在，如果连局域性都要抛弃，这可是爱因斯坦绝对不能同意的，因而在文章中他将两个粒子间瞬时的相互作用称为"幽灵般的超距作用"。

EPR佯谬可算是对量子物理最致命的一击。不过，当时的玻尔没有像前两个回合中那样手脚无措。他经过深思熟虑，很快就找到了爱因斯坦论述中的问题所在，立刻应战。玻尔认为，爱因斯坦总是将观测手段与客观世界截然分开，这是不对的。以玻尔为代表的哥本哈根学派认为观测手段会影响结果，微观的实在世界只有与观测手段一同被考虑才有意义。在观测前谈论每个粒子的自旋是"上"或"下"没有任何实际意义。另一方面，因为两个粒子形成了一个互相纠缠的整体，只有用波函数描述的整体才有意义，我们不能将它们视为相隔甚远的两个个体——既然是协调相关的一体，它们之间便无须传递什么信息。也就是说，EPR佯谬只不过表明了两种哲学观——爱因斯坦的"经典局域实在观"和哥本哈根学派的"量子非局域实在观"的根本区别。

当然，哲学观的差异是根深蒂固、难以改变的。爱因斯坦绝对接受不了玻尔的这种古怪的说法，因此最后被自己提出的量子纠缠所纠缠。即使在之后的二三十年中，玻尔的理论占了上风，量子理论如日中天，它的各个分支高速发展，给人类社会带来了伟大的技术革命，爱因斯坦仍然固执地坚持他的经典信念，反对哥本哈根学派对量子理论的诠释。

纠缠态实验

虽然EPR佯谬中的思想实验在玻尔的反击下，没有达到爱因斯坦的目的，但它却开创了一小块新的领域，为后来的科学家提供了思路，促进了科学的发展。

不管究竟应该如何解读量子纠缠，后来的科学家通过实验验证，证实了这种"纠缠"现象的确存在。物理学家约翰·惠勒是提出用光子实现纠缠态实验的第一人。[1] 1946年，他指出，正负电子对湮灭后生成的一对光子应该具有两个不同的偏振方向（"偏振"的意思会在下文中解释）。不久后，1950年，吴健雄和沙科诺夫发表论文宣布成功地实现了这个实验，证实了惠勒的思想，生成了历史上第一对偏振方向相反的纠缠光子。[2]

在前文中的大多数时候，我们都在用两个电子的自旋来描述纠缠态。但其实，我们也可以用两个光子来类似地描述纠缠现象。实验室里，带有特定偏振方向的纠缠光子对更容易制备，也更容易保持纠缠态，因此科学家一般选用偏振纠缠光子对进行实验。

光是一种波动，有它的振动方向（就像我们平常见到的水波，它们在往前传播的时候，水面的每个特定位置也

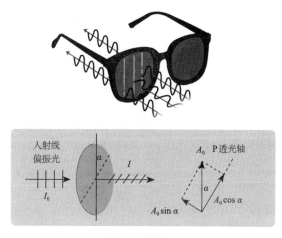

图 4-4　偏振光

在上下振动，这上下就相当于它们的振动方向）。一般的自然光由多种振动方向的光线随机混合在一起，但让自然光通过一片特定方向的偏振片之后，光的振动方向便被限制，成为只沿某一方向振动的"偏振光"。例如，偏振式太阳眼镜的镜片就是一个偏振片。偏振片可以想象成是在一定的方向上有一些"偏振狭缝"，只能允许在这个方向振动的光线通过，其余方向的光线大多数被吸收了。在图 4-4 中，竖直偏振的光线可以通过，水平偏振的光线则被挡住了。偏振片中这种"狭缝"的方向叫作偏振片的偏振轴。

在实验室中，我们可以使用偏振片来测定和转换光的偏振方向。光线可以取不同的线性偏振方向，相互垂直的偏振方向可类比于电子自旋的上下，因此，对用自旋描述的纠缠态稍做修正，便对光子同样适用。

由上可知，如果偏振光的振动方向与偏振片的轴（检偏方向）一致，光线就可以通过；如果振动方向与检偏垂直，光线就不能通过。那么，如果两者成45°角呢？如你所猜测的一样，会有一半的光通过，另一半不能通过。

但在量子理论中，光具有波粒二象性，并且，在实验室中完全可以使用降低光的强度的方法，让光源发出一个个分离的光子。单个光子也具有偏振信息，你可以看成光子身上携带着一个"箭头"。因为一个光子是不可分的，不存在"半个光子"的说法，对于单个光子来说，进入检偏器后只有"通过"和"不过"这两种结果，因此，在入射光子偏振方向与检偏方向成45°角时，每个光子有50%的概率通过，50%的概率不通过。而如果这个角度不是45°是一个别的角度（α），通过的概率也将是另外一个与α相关的数（有一定的数学基础的读者可以知道是$\cos^2\alpha$）。

由此可见，光子既可以实现纠缠，又携带着偏振这样易于测量的性质，因此我们完全可以用它们来设计实验，检验爱因斯坦提出的EPR佯谬。近几十年来，随着实验技术的发展，量子纠缠在实验中的应用越来越广泛，并与信息科学相结合，催生了量子信息科学，成为近年来最活跃的研究前沿之一。不过能在实验中检验量子纠缠，最初还要归功于贝尔不等式的提出。

第 5 章
量子纠缠的探索之旅

当上帝掷两个骰子

　　量子纠缠所描述的，是两个粒子量子态之间的高度关联。这种关联是经典粒子对没有的，是仅发生于量子系统中的独特现象。其原因归根结底仍然是粒子的"波动性"。就直观图像而言，我们不妨想象一下：两个飘荡于空间的"波包"纠缠在一起，显然比两个小球纠缠在一起更为"难分难解"。

　　比如说，如果对两个相互纠缠的粒子分别测量其自旋，其中一个得到结果为上，则另外一个粒子的自旋必定为下，若其中一个得到结果为下，则另外一个粒子的自旋必定为上。以上规律说起来并不是什么奇怪的事，有人曾用一个简单的经典例子对此比喻道：就像是将一双手套分装到两个盒子中，一只手套留在A处，另一只拿到B处，如果你看到A处手套是右手那只，就能够知道B处的手套一定是左手那只，反之亦然。无论A、B两地相隔多远，即使分离到两个星球，这个规律都不会改变。

奇怪的是什么呢？如果是真正的手套，打开A盒子看到的是右手那只，说明它从被放到盒子里的那一刻开始就是右手那只，不曾改变。但如果盒子里装的不是手套而是电子的话，在观察之前，它有可能自旋为上，也有可能自旋为下，并没有一个确定值。因为测量之前的电子，处于上与下的叠加态，即类似"薛定谔猫"的那种"既死又活"的叠加态。测量之前，电子的状态不确定，测量之后，我们方知"上"或"下"。诡异之处是：一旦A电子被测量，远在天边的B电子似乎总能瞬间"感知"A电子被测量的结果，并且相应地将自己的自旋态调整到与A电子相反的状态。换言之，两个电子相距再远，都似乎能"心灵感应"，如果将A、B电子的同步解释成它们之间能互通消息的话，这消息传递的速度也太快了，已经大大超过光速，这样不就违背了局域性原理，也就是违反了相对论吗？

如何解释量子纠缠？这个问题涉及对波函数的理解，以及对量子力学的诠释等问题。似乎没有一种说法能解释所有的实验结果，让所有人都满意。这也是爱因斯坦对量子力学的不满之处。

在这个问题上，玻爱双方的观点分歧，基本聚焦在"局域性"上。也就是说，是否认为存在"局域隐变量"（以下简称隐变量），是双方观点的分界。玻尔一派否认隐变量的存在，认为随机性是自然的本质。爱因斯坦坚持他的经典哲学观，认为两个相距遥远的纠缠粒子不会瞬间互通消息，一定是它们事先就"商量好了"。比如两个自旋相反的电子，我们以为测量第一个电子得到的结果是随机的，实际上也许两个电子的自旋早就被他们的"基因"预先决定好了，如"A上B下"（而非"A下B上"），只是量子力学能力所限不能获知这些基因。这里的基因就是爱因斯坦所说的隐变量。

这些隐藏得比微观世界更深层的隐变量究竟是否存在？能否用某种实验方法来判断呢？这就是下面将要介绍的贝尔的工作。

贝尔登上舞台

在本书中，我们经常提到思想实验，诸如薛定谔的猫、爱因斯坦的光子盒以及后来的EPR佯谬。理论物理学家热衷于思想实验，是因为物理理论终究必须用实验来验证。然而，思想实验和在实验室里能够实现的实验，仍然有很大的差别。有些思想实验根本无法实现，有些则需要对当时的实验条件加以改造才有可能实现。

英国物理学家约翰·贝尔供职于欧洲核子研究中心（CERN）多年，从事加速器设计工程有关的工作。但他对量子理论颇感兴趣，业余时间经常思考与之相关的问题。

从玻尔和爱因斯坦的争执中我们看到，双方的关键问题是：爱因斯坦一方坚持的是一般人都有的直觉印象，认为量子纠缠的随机性是表面现象，背后可能藏有"隐变量"，玻尔一方则执着于微观世界的观测结果，由于这些结果并不支持隐变量理论，所以坚持认为微观规律的本质是随机的。

贝尔基本支持爱因斯坦一派的观点，他想，也许玻尔等人忽略了某些隐变量存在的可能性。那么，能否用实验来证明爱因斯坦的隐变量观点是正确的呢？

不过，要找出量子纠缠态背后的隐变量可不是那么容易的。研究微观世界中的那些粒子，可不像研究宏观的生物体那么直观，毕竟生物体还有大量的组织、结构和相关的化学分子，可以从它们身上着手研究。但像电子、中子、质子这样的微观粒子，看似简单实则复杂，令人捉摸不透，更别提那些抓不住、摸不着、转瞬即逝的光子了。这些微观粒子没有"结构"可言，隐变量能藏在哪里呢？

尽管我们不能明确地指出隐变量是什么，但贝尔想到，我们至少可以研究一下这个问题：如果存在隐变量，它们将会如何影响爱丽丝和鲍勃分别测量一对纠缠粒子的结果。

解释量子力学理论时，我们经常将微观粒子描述成一个一个的，但一般而言，在实际测量中，我们会通过对多个粒子的多次测量来确定一个量子力学系统的特性，特定事件发生的概率大，在多次测量中它出现的次数就会更多。

贝尔沿着这条概率统计的思路继续思考。比如，假设隐变量存在，我们虽然不知道它是什么，但是既然隐变量能影响粒子的行为，那么它就应该与粒子的某个可观测量（比如电子的自旋）有一定的关系，如果多次测量这个可观测量并取统计平均值，这样的关系就能显现出来。

最终，贝尔推导出了一个不等式，后来人们称之为"贝尔不等式"。贝尔的结论是，如果一个系统存在隐变量，对某个量的统计测量结果就应该符合这个不等式，否则就不存在隐变量。

为了理解贝尔不等式，让我们先举一个日常统计的例子。

有人调查了养老院老年人的生活状况，具体来说，了解了哪些人用老花镜，哪些人用助听器，哪些人用拐杖。调查结果可以用图5–1来描述。

区域	老花镜	助听器	拐杖
区$_1$	√	√	√
区$_2$	×	√	√
区$_3$	√	×	√
区$_4$	×	×	√
区$_5$	√	√	×
区$_6$	×	√	×
区$_7$	√	×	×
区$_8$	×	×	×

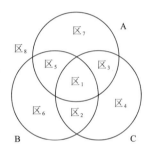

A：所有用老花镜的
B：所有用助听器的
C：所有用拐杖的

关联函数
$P_{a\bar{b}}$（用老花镜不用助听器）= 区$_3$+区$_7$
$P_{b\bar{c}}$（用助听器不用拐杖）= 区$_5$+区$_6$
$P_{a\bar{c}}$（用老花镜不用拐杖）= 区$_5$+区$_7$

贝尔不等式：$P_{a\bar{c}} \leqslant P_{a\bar{b}} + P_{b\bar{c}}$

图5-1　调查统计示例

图5–1中A、B、C三个圆圈内的部分分别表示使用老花镜、助听器、拐杖的老人的集合。这三个圆圈中有一些部分是重叠的，三个圆圈将整个分布空间分为8个区域，分

别对应"用"与"不用"这三种器具的8种组合（见图5-1左边表格）。

图5-1列出了三个关联函数 $P_{a\bar{b}}$、$P_{b\bar{c}}$、$P_{a\bar{c}}$，$P_{a\bar{b}}$ 的意思是用老花镜但不用助听器的人，描述了"用老花镜"和"不用助听器"的关联。当然，也许这两个现象在医学的意义上可能没有多少关联，这儿只不过是定义了一个可测量（调查）的量而已。类似地，$P_{b\bar{c}}$ 是用助听器但不用拐杖的人，$P_{a\bar{c}}$ 是用老花镜不用拐杖的人。

图中的"贝尔不等式" $P_{a\bar{c}} \leqslant P_{a\bar{b}} + P_{b\bar{c}}$ 很容易验证，因为 $P_{a\bar{b}}$ 等于区$_3$ + 区$_7$，$P_{b\bar{c}}$ 等于区$_5$ + 区$_6$，它们的和等于区$_3$、区$_7$、区$_5$、区$_6$ 这4个区域面积相加，而 $P_{a\bar{c}}$ 等于区$_5$ 加上区$_7$，只是 $P_{a\bar{b}}$ + $P_{b\bar{c}}$ 的一部分，当然不会大于 $P_{a\bar{b}}$ + $P_{b\bar{c}}$。

图5-1中的不等式与其他地方提到的贝尔不等式或许会有所不同，这是因为具体研究的对象不一样。实际上，贝尔不等式有多种不同的形式。广义上，"贝尔不等式"一词可以指隐变量理论满足的多个不等式中的任何一个。当隐变量存在时，类似于刚才统计例子所描述的关联函数均符合贝尔不等式。而关联函数是可以被测量的。在现实生活中（如上例所示），关联函数可以通过统计方法调查得到，而量子力学中的关联函数则有可能在实验室里测量出来。因

此，测量结果是否符合贝尔不等式，可以作为被观测系统是否存在隐变量的判据。

有一点需要我们注意：虽然贝尔不等式是为了研究量子纠缠而提出的，但实际上，贝尔的推导过程却和量子理论无关。贝尔是在系统中存在隐变量的假设下，使用经典统计方法得出的贝尔不等式。因此我们才能得出结论：如果隐变量存在，测量结果便应该符合贝尔不等式。反之，如果测量结果违背贝尔不等式，说明系统中不存在隐变量。

下面我们回到量子力学，以两个光子的纠缠来解释贝尔不等式。这个贝尔不等式的形式与上述"老人调查"例子中的不等式类似。

如图5-2所示，光子A和光子B从光源向两个方向发出，它们的运动方向相反，但以一种特殊的方式相互纠缠，其偏振方向永远相同。在实际测量中，我们无法多次测量同一对光子，因此实际光源是在不断地发出很多纠缠光子对（A_1，B_1）、（A_2，B_2）……爱丽丝和鲍勃分别负责同时测量向左和向右飞的一系列光子对A_i和B_i，以统计的方法处理结果。他们所用的测量工具是上一章中介绍过的偏振片（检偏器）。偏振片的偏振轴可以旋转到不同的取向，例如，偏离竖直角 α 。

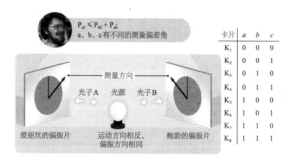

卡片	*a*	*b*	*c*
K₁	0	0	0
K₂	0	0	1
K₃	0	1	0
K₄	0	1	1
K₅	1	0	0
K₆	1	0	1
K₇	1	1	0
K₈	1	1	1

图 5-2　贝尔不等式

当光子的偏振方向与检偏方向一致的时候，光子以100%的概率通过，当偏振方向与检偏方向垂直时，光子不能通过。有趣的情形发生在偏振方向与检偏方向成一定角度的时候：这时候光子以一定的概率，或"穿过"或"不过"，具体穿过概率与角度大小有关。

想象一下，对单个光子而言，当它来到偏振片面前时，它要如何决定是"过"还是"不过"呢？这个问题听来似乎没什么意义，实际上却是区分爱因斯坦派和玻尔派的关键点。爱因斯坦等坚持隐变量观点的人认为，光子的选择是由隐变量决定的，隐变量就像是每个光子与生俱来携带的一张小卡片，上面写着各种指令，光子根据指令选择"过"还是"不过"。玻尔一派认为没有什么指令，光子只是临时随机选择一个行动而已。

　　我们现在就从存在隐变量的假设出发，来讨论量子纠缠的问题。

　　在测量之前，预设好两边偏振片可取的3个不同的角度，分别对应图5–2中的3个测量方向a、b、c。在每次测量时，爱丽丝和鲍勃可以任意随机地选择3种方式中的一种。

　　好了，现在测量开始，光源接连发射出一对又一对纠缠光子。非同对的光子之间没有什么关系，但同一纠缠对中的两个光子都是"基因"完全一样的"同卵双胞胎"。怎么描述它们的"基因"呢？比如说，我们可以交给"双胞胎兄弟"一模一样的卡片，告诉它们碰到3个测量方向（a、b、c）时应该如何选择。关于3种测量方法，共有8种选择，见图5–2右边的表格。表格中的卡片号K_1~K_8代表这8种选择。每个光子都带着这8张小卡片中的一张，同一对纠缠光子带着同样编号的卡片。比如，第一对双胞胎兄弟俩都带着K_3，第二对的两个光子带着K_7……第一对双胞胎两个光子带着K_3卡，写的是"0、1、0"，这是什么意思呢？这是给它们的指令，告诉它们碰到a、b、c三种检偏方向的时候该如何行动。0、1、0依次表示：如果碰到a，就"不过"；碰到b，就"过"；碰到c，就"不过"。

　　通过以上分析我们可以知道，如果系统中存在假想中的隐变量K，任何光子在被偏振片测量时，它"过"与"不过"的选择是由其携带的隐变量基因指令决定的。当爱丽丝和鲍勃使用相同的测量方式同时测量一对纠缠的双胞胎光子，一定会得到一致的结果，无论它们距离多远都是如此，这是因为它们带着一模一样的"基因"卡。它们也不需要临时使用"超距作用"来互通消息，因为那张卡是它们自诞生时起就印在身上的。

当然，大多数情形下，爱丽丝和鲍勃测量纠缠光子使用的检偏方向有所不同，例如爱丽丝用a方向测量，鲍勃用b方向测量，因而对两个光子他们会得到不同的结果，但是当他们测量大量光子对后，便可以根据图5-2表格中那8种"基因"卡，得到大量光子所遵循的统计行为，也就是贝尔不等式：

$$P_{a\bar{c}} \leqslant P_{b\bar{c}} + P_{a\bar{b}}$$

我们略去贝尔不等式的详细推导过程，但可以用前面"老人调查"例子中图5-1中间的图示来理解它。这儿的P表示相关概率（对应于例子中的相关函数），例如，$P_{a\bar{c}}$是：当爱丽丝用方法a测量光子A，结果是"过"，鲍勃用方法c测量与之纠缠的光子B"不过"的概率。类似地，$P_{b\bar{c}}$则是

A通过b而B不通过c的概率，$P_{a\bar{b}}$是A通过a而B不通过b的概率。

总结起来，贝尔不等式的意义是这样的。贝尔是从局域隐变量的假设出发，使用经典统计规律得到这个不等式的。因此，如果实验结果是由隐变量事先决定的，测量3个相关概率的结果，便会符合不等式；如果结果违背不等式，便说明这个结果不能用局域隐变量来解释。因此，贝尔不等式将爱因斯坦等人提出的EPR佯谬中的思想实验，转化为真实可行的物理实验，将玻尔和爱因斯坦之前那种带有哲学意味的辩论变为对实验结果的定量判定。1990年，贝尔因脑出血而意外死亡，当时他62岁。遗憾的是，贝尔并不知道，那年他被列入了诺贝尔物理学奖的提名名单。贝尔的原意是支持爱因斯坦，找出量子系统中的隐变量，但他的不等式导致的实验结果却适得其反，这一点让贝尔很矛盾，他直到去世前都还在研究如何修正正统的测量理论和波函数坍缩理论。

实验怎么说？

贝尔在1964年发表他的论文时，爱因斯坦已去世近10年，玻尔也已在1962年去世。因此，当年的物理界并没有多少人关注贝尔的论文。大多数物理学家满足于量子力学的正确性。他们忙着用量子力学进行精确的计算，也将其用于解决能带理论等应用方面的种种问题。至于"局域不局域"之类的哲学疑难，多数人是这么想的：量子现象与经典规律的确大相径庭，犹如天上地下，爱因斯坦的上帝和玻尔的上帝各司其职，大家和平共处，自得其乐，没有必要再进行实验验证什么贝尔不等式；况且纠缠态的实验太过困难，在实验室里维持每一对粒子的纠缠态谈何容易。实验室中得到的量子纠缠态是非常脆弱的，即使原子被冷却到接近绝对零度，得到的纠缠态也只能维持千分之几秒的时间而已。

不过，先驱者总是有的。20世纪70年代早期，一个年轻人走进了哥伦比亚大学美籍华人物理学家吴健雄的实验室，请教她在20多年前和沙科诺夫第一次观察到纠缠光子对的情况，那是在正负电子湮灭时产生的一对高能光子。当时的吴健雄没有太在意年轻学生提出的这个问题，只让他和她的研究生谈了谈。

这位年轻人名叫约翰·克劳泽（John Clauser），出生于美国加利福尼亚州的学术世家。克劳泽从小就听家人们一起探讨或争论深奥的物理问题。后来，他进入加州理工学院。在那里，克劳泽受到费曼的影响，开始思考量子力学基本理论中的关键问题。他和费曼讨论了一些自己的想法，并告诉费曼，他决定用实验来测试贝尔不等式和EPR佯谬。后来，他半开玩笑地回忆当时费曼的激烈反应，说："费曼把我从他的办公室里扔了出去！"

尽管费曼觉得用实验验证贝尔不等式是异想天开，但克劳泽却坚信做此实验的必要性，他总记得身为航空学家的父亲经常说的一句话："别轻易相信理论家们构建的各种各样的漂亮理论，你要时刻记得回过头来，看看实验中的那些原始数据。"

后来，在1972年，克劳泽及其合作者弗里德曼，成为贝尔不等式实验验证的第一人。[3]

两人在加州大学伯克利分校完成实验，打响了验证贝尔定理的第一炮，吸引了众多实验物理学家的注意。实验结果违背贝尔不等式，证明了量子力学的正确性。不过，受到专家关注后，对他们实验方法的非议也源源不断而来。批评者大概可以说是吹毛求疵，认为他们的实验存在一些漏洞（后文将举例解释），所以实验结果并不具有说服力。

1982年，巴黎第十一大学的阿兰·阿斯佩（Alain Aspect）等人在贝尔的帮助下，改进了克劳泽和弗里德曼的贝尔定理实验，成功地堵住了部分主要漏洞。这次的实验结果同样违反贝尔不等式，证明了量子力学的非局域性。[4]

1998年，安东·蔡林格（Anton Zeilinger）等人在奥地利因斯布鲁克大学完成贝尔定理实验，据说彻底排除了定域性漏洞。[5]

2000年，潘建伟等人进行了三个粒子的贝尔实验。[6]

2001年，美国国家标准与技术研究院的M. A. 罗（M. A. Rowe）和戴维·瓦恩兰（David Wineland）等人的实验排除了检测漏洞，检测效率超过90%。[7]

……

用实验检验贝尔不等式，根本目的在于验证量子系统中是否存在隐变量，即检验量子力学到底是定域的，还是非定域的。从贝尔不等式的提出，到克劳泽等的第一次实验，再到现在，已经过去了50多年。世界各国的科学家已经在实验室里进行过许多许多类型的贝尔实验。人们在光子、原子、离子、超导比特、固态量子比特等许多系统中都验证了贝尔不等式，所有的这些贝尔测试实验都支持量子理论，判定定域实在论是失败的。可是，科学家们为什么要进行如此多的实验呢？因为要检验贝尔不等式需要克服量子实验的多重困难，还需要堵住实验中可能产生的所有"漏洞"。

实验漏洞

在物理实验中，可能存在影响实验结果有效性的问题。这些问题通常被称为"漏洞"。贝尔实验中的技术性漏洞主要有三种：局域性漏洞、检测漏洞及自由意志选择漏洞。

局域性漏洞

什么叫局域性漏洞？换句话说就是在测量时，两个纠缠光子（粒子）的距离太近可能产生的漏洞。贝尔测试的目的本就是判定量子纠缠系统中是否存在隐变量（基因），即确定两个纠缠粒子的关联到底是由于它们"基因"相同，还是由于它们之间确实存在非局域的超距作用，但如果它们之间的距离本来就容许它们之间进行局域通信，那测试就失去作用了。

让我们通过一个通俗的比喻来理解局域性漏洞究竟是

什么。有两个女孩声称她们是同卵双胞胎（假设同卵双胞胎在不互相交流的情况下对同一问题的回答倾向于相同），我们不知真假，想要用一些问题来测试她们。爱丽丝和鲍勃分别在两个测试台发出考卷，让她们回答若干问题。如果这两个女孩对这些问题给出的答案有一定比例（例如高于80%）是一致的，便认可她们是同卵双胞胎，若不符合这个标准则她们不是同卵双胞胎。那么，在进行这种测试时我们需要堵住的主要"漏洞"，就是防止两个女孩互通消息"作弊"，当然也不能让出题目的人参与作弊。

如果两个测试台在一间房子里，相距也不远，那两个女孩就很容易作弊了。她们可以用一种考官不懂的语言，或者用眼神、手势或其他暗号等各种方法互通消息。这样一来，她们的作弊行为将影响我们对她们是否为同卵双胞胎的判定，因为我们不知道她们答案中的一致性到底是因为她们有相同的基因，还是因为她们互通了情报。换言之，我们的测试方法中存在与她们所在的区域有关的"漏洞"，称为局域性漏洞。

那么，该如何堵住这类漏洞呢？我们可以将两个测试台放得远远的，可以放在两个房间，甚至两栋不同的大楼里，让她们难以互通消息。此外，两位考官——爱丽丝和鲍勃可以尽量缩短从拿出考题到收卷的时间，让她们来不及作弊。

从物理学的角度来看，她们之间的消息传递不可能快过光速。光速是每秒30万千米，如果她们间的距离是30万千米的话，信号从一个女孩传递到另一个女孩那里需要的时间不可能小于1秒。因此，如果考官给予她们答题交卷的时间小于1秒的话，他们就是有天大的本事，也不可能作弊了！这样就在理论上完全关闭了"局域性漏洞"。

这也就是约翰·贝尔当年对阿斯佩实验的建议。他说，如果你预先将实验安排好，把两个偏振片的角度调好等在那儿，然后慢吞吞地开始实验：用激光器激发出纠缠光子对，让它们飞向两边早就设定好方向的检偏镜，两个光子分别在两边被检测到……在整个过程中，理论上，光子完全有足够的时间互通消息，即使我们不知道它们是采取何种方法传递消息的。

所以，我们要缩短"考试"的时间，不能预先设定两个检偏镜的角度，而是将这个角度的决定延迟到两个光子已经从纠缠源飞出、快要最后到达检偏镜的那一刻。阿斯佩在克劳泽等人实验的基础上，又多加了一道"闸门"，排除了纠缠光子间交换信号的可能性。

检测漏洞

贝尔测试实验大多使用纠缠光子对，而"检测效率"的问题是光学实验中最普遍的漏洞。

在20世纪80年代，限于光子计数技术，光子检测器的效率对贝尔测试而言不够高。也就是说，光源发射出的若干纠缠光子对中，只有一部分能被检测器探测到。还用上面的双胞胎测试举例：如果在实际实验中，我们需要同时检测多对双胞胎，也许姐妹中有一人被挤丢了，也许人潮挤来挤去使得两人面试的时间相隔太久，完全谈不上"同时"……种种因素都会影响统计测试的结果。

因为光子检测有这个问题，许多实验物理学家选择使用电子或其他离子来进行贝尔不等式的测试。不过，近年来单光子计数技术大有进展，用光子实验也可以有效堵住检测漏洞。尽管仍然不能完全堵住所有漏洞，但所有的实验结果都一致地再次站在量子力学这一边，否定了爱因斯坦的隐变量假设。

自由意志选择漏洞

在介绍贝尔不等式时我们曾经说过，两端的实验者（爱丽丝和鲍勃）可以自由随机地选择测量光子对时的检偏方向。但在真实的实验设计中，并没有爱丽丝和鲍勃这两个人，取而代之的是机器（随机数产生器）。在实验室的贝尔测量中，两个测试端各产生一个随机数，并根据其选择相应的检偏方向。

这种设计产生了一种所谓的"自由意志选择漏洞"。其意思是说，选择不同检偏方向使用的随机数产生器，有可能与光源产生联系，就好比爱丽丝和鲍勃的选择并不真正是人能够做到的"自由意志"，而是与光源事先预谋好了。这是一种漏洞，会影响测量的结果。

为了找到与光源完全不相干的随机数产生源，2016年11月，全球范围内的几个研究团队设计了一项"大贝尔实验"。[8] 该实验据说召集了10万名志愿者，让他们在12小时内通过一个叫作"The BIG Bell Quest"的网络游戏，每秒钟产生1 000比特的数据（即0、1组成的序列），共计产生了97 347 490个随机的比特数据，供物理学家们进行贝尔测量。这实际上也是贝尔曾经提出过的建议：可以用人的自由选择来保证实验装置的不可预测性。不过当时的技术条件做不到这一点，而现在，"大贝尔实验"通过互联网做到了。

努力封闭这些漏洞后的实验结果，仍然都支持量子力学，而非隐变量理论。当然，没有哪个实验可以称得上完全没有漏洞，但多数物理学家认为，量子纠缠的非局域性现象是真实的，可以以96%的把握说它已经得到了验证。实验结果似乎没有站在爱因斯坦一边。所以，今天的物理学家只好幽默而遗憾地说一句："抱歉了，爱因斯坦！"

延迟选择实验

我们习惯于日常所见的宏观物理现象，对量子纠缠现象感到奇怪且觉得不容易理解，但在量子物理管辖的微观范围内，量子纠缠状态应该是很普遍的，因为粒子不是一个一个地孤立存在的，它们之间总有相互作用和影响。并且，量子纠缠并不仅限于两个粒子纠缠，可以是多个粒子，还可以是粒子与它所在的实验环境纠缠，等等。

贝尔将EPR的思想实验转换成了实验室中可行的真实实验。随着科技的突飞猛进，物理实验技术受益匪浅，快速、精确的单粒子量子态测量得以实现。本书中所描述的量子世界中难以理解的奇异现象，诸如叠加态、量子纠缠等等，都已在实验中实现了。量子理论所描述的"奇谈怪论"，其实都已成为科学家在实验中观察到的事实。现在，诸位读者已经对量子力学有了基本的概念，下面几节我们将介绍更多的实验，以加深读者对理论的理解。延迟选择实验就是其中典型一例。

延迟选择实验实际上是我们在第2章介绍过的双缝实验的变种。

量子力学的哥本哈根诠释认为，观测会影响测量结果。物理学家们不是随便说出这句话的，这是他们从量子物理实验中得出的结论，虽然令人百思不得其解，但千真万确。

双缝电子干涉实验中就出现了这种奇怪的现象。首先，在实验中，即使电子被电子枪一个一个地发射出来，依次穿过双缝，再打到屏幕上，也会出现干涉条纹。这个现象似乎表示一个电子会同时穿过两条狭缝。这一点当年让物理学家深感困惑：一个电子是不可分的，怎么会分两路走呢？于是，有人就想：在两个缝隙边上各安上一个粒子探测器，探测一下电子到底是走了这条缝还是那条缝，有了这些探测数据，就有可能明白干涉条纹是如何形成的了。然而，这样做的结果，不但没有消除物理学家们的疑惑，反而加深了疑惑。测试中，两个粒子探测器从来没有同时响过！这说明并没有电子同时通过两个狭缝。不仅如此，人们还发现，当他们在两边（或者是一边）放上探测器之

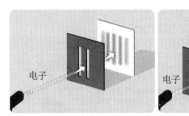

（a）不观测有干涉条纹　　　　（b）观测使条纹消失

图 5-3　观测影响电子双缝实验的结果

后，屏幕上的干涉条纹立刻就消失了。物理学家们反复改进和重复他们的实验，结果却只是感到越来越奇怪：无论使用什么先进的测量方法，一旦人们想要观察电子的行为，干涉条纹便消失了，实验给出经典的结果，和子弹实验的图像一模一样。这似乎意味着，电子在双缝处的行为无法被观测，一观测便改变了它的行为。也就是说，电子好像具有某种"先知先觉"，当我们没有去观测它们的时候，电子充分表现出波动性，同时穿过两条缝并发生干涉，一旦我们打开粒子探测器，想观察它们的具体行为时，它们却换了个模样，不再是波动，而是只让人看到它粒子的一面！

这种"观测影响量子行为"的现象就是前文介绍过的"波函数坍缩"。就是说：在被测量之前，粒子处于"既是此，又是彼"的叠加态，一经测量，就按照一定的概率，坍缩到一个固定的本征态，回到经典世界。具体到双缝实验，只要不在缝边测量，每个电子都会走两条路，即自己和自己发生"干涉"。测量则令波函数坍缩，迫使电子只能选一条路走。

波函数坍缩的说法是正确的吗？为什么会发生波函数坍缩呢？这些问题至今也没有被彻底解决。好在量子实验的技术一直在不断进步，物理学家们便在实验上下功夫。于是理论物理学家提出一个个思想实验，实验者则想办法实现它们。

电子双缝干涉实验已经很奇怪了，而"光子延迟选择实验"则更奇妙。

延迟选择思想实验是由美国物理学家约翰·惠勒提出的，这位物理学家没有获得诺贝尔奖，但对现代物理学做出了杰出的贡献，还参与了美国在"二战"时原子弹的研究。

1979年，为纪念爱因斯坦100周年诞辰，科学家们在普林斯顿大学召开了一场讨论会，会上惠勒提出了"延迟选择实验"的构想。

实验如图5-4所示，具体操作是这样的：从光源发出一个光子（即一个一个地发射光子），让其通过一个半透镜1，

光子被反射与透射的概率各为50%。如果被反射，光子将来
到反射镜A（A路），如果被透射光子则走向反射镜B（B路）。
也就是说，光子在半透镜1处面临着两条道路的选择：要么

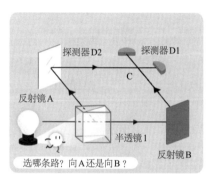

（a）只有一个半透镜1

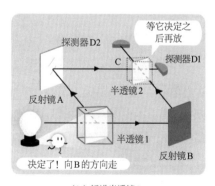

（b）插进半透镜2

图 5-4　延迟选择实验

走向A，要么走向B。不过，无论走哪条路，它最后都将经过点C。C点附近放置着两个探测器D1和D2，分别接收A路和B路来的光子。

在图5–4（a）的情形下，从两条路过来，会聚在C点的光子互不影响，因为它们的行进方向不同。而对一个单光子而言，它不会与自身发生干涉，只能在D1和D2中的一个探测器中形成一个光点，这时候的光子行为表现的是它的粒子性。

现在，我们在C点放置另外一个半透镜2，使到达C的光子有50%的概率被反射、50%的概率被透射。这下，奇怪的事情发生了：照理说，不管光子从A路经过还是从B路经过，经过半透镜之后要么被透射，要么被反射，还是只进入探测器D1和探测器D2中的一个，但现在探测器D1和D2中却出现了干涉条纹！这说明光子同时经过了A路和B路，表现出了波动性。因此，光子到底是粒子还是波，看起来好像是由是否放置了半透镜2决定的。也就是说，光子来到半透镜1的时候，似乎知道在位置C的地方是否有半透镜2，并且做出了选择：如果没有放，它就把自己打扮成粒子；如果放上了，它就把自己打扮成波。

在这种情况下，惠勒提出了一个十分巧妙的设想：实验者人为地延迟在 C 点放半透镜 2 的时间。例如，等到光子已经通过了半透镜 1，快要到达终点 C 之时，才将半透镜 2 放上去，迫使光子"选择"是作为粒子通过一条路径，还是作为波通过两条路径。

如果这样操作以后，探测器中仍然出现了干涉条纹，就说明观察者现在的行为（放或不放半透镜 2），似乎可以决定过去发生的事情（光子在半透镜 1 处所做的决定：粒子或波）。

哥本哈根学派是如何解释这种违背传统观念的古怪现象的呢？他们认为，不能将观察仪器（半透镜 2 与探测器）与观察对象（光子）分开来讨论，尽管实验中的两种情况只有最后一部分不同，但这部分的变化使得整个物理过程发生了改变，因此这两种情况其实是两个完全不同的实验。根据哥本哈根诠释，我们没有必要去详细探究光子（或电子）未被测量时的情形，那是无意义的。

正如惠勒所引用的玻尔的那句话："任何一种基本量子现象只在其被记录之后才是一种现象。"光子是在上路之前还是途中来做出决定，这在量子实验中是没有区别的。历史不是确定的，也不是实在的，除非它已经被记录下来。更准确地说，探求光子在通过第一块透镜到我们插入第二块透镜这之间"到底"在哪里，是粒子还是波，根本就是无意义的。

在惠勒提出上述构想5年后，马里兰大学的卡罗尔·阿利（Carroll Alley）和其同事实现了延迟选择实验。[9]

约翰·惠勒是笔者20世纪80年代在得克萨斯大学奥斯汀分校读博时的老师，因此忍不住在此为他多写一节，重温当年的回忆。

1980年，我来到美国奥斯汀，第一次知道鼎鼎大名的惠勒就在我们大学。我的专业是广义相对论，他写过一本又大又厚的专著《引力论》（*Gravitation*），1 200多页，是相对论研究者的"圣经"。我把它从中国带到美国，死沉死沉的。

图5-5　惠勒（1984年笔者摄于奥斯汀）

惠勒是世界范围内的知名学者，他21岁时慕名前往哥本哈根投奔玻尔，后来又在美国与玻尔共事，研究原子核裂变液滴模型。"二战"期间，惠勒和玻尔都参与了曼哈顿计划，共同攻克了反应堆的设计和控制问题。

"二战"后，惠勒成为普林斯顿大学教授。爱因斯坦逝世后，惠勒成为世界范围内相对论领域的带头人。惠勒重视人才培养，学生众多。著名的理查德·费曼、黑洞热力学奠基人之一的雅各布·贝肯斯坦（Jacob Bekenstein），还有2017年诺贝尔物理学奖的得主之一基普·索恩（Kip Thorne）等，都是他的优秀学生。

1981年夏天，惠勒受邀赴中国的中科院、中国科学技术大学等地访问和讲学，我和他合作准备了报告讲稿。后来，此讲稿在1982年出版，取名为《物理学和质朴性》。

当年的惠勒已近70岁，听学术报告时常常坐在第一排，而且往往会突然语惊四座。有次有人曾就何时探测到引力波而提问，他便冒出一句"快了！"，使我记忆犹新。

惠勒的量子观与玻尔一脉相承，被称为"哥本哈根学派的最后一位大师"。他曾经将量子力学中最本质的不确定性比作一头"烟雾缠绕的巨龙"（great smoky dragon）。

人们可以看到巨龙的尾巴，它是微观粒子产生之处，也可以在实验中观测到巨龙的头，因为测量产生波函数坍缩，使微观量子态坍缩为可观测的"经典本征态"。但是巨龙的身体却云遮雾绕，人们可能永远都不会知道这些烟雾中隐藏的秘密，只能用各种诠释来解释它。

电子不受外部干扰时，就像散布在空间里的烟雾，运动状态则是如同波一样推进，通过双缝时还会自己与自己发生干涉。惠勒的"烟雾龙"的图像也可以用后文将介绍的费曼路径积分观点来理解：龙的头和尾巴对应于发射和测量时的两个点，在这两点处粒子的状态是确定的。根据量子力学的路径积分解释，粒子在两点之间的行为可以用两点之间的所有路径贡献的总和来计算。因为要考虑所有的路径，龙的身体便是雾里看花般模糊的一片。

量子擦除实验

量子力学中还有许多有趣的实验，使我们能一睹微观世界的奇妙，"量子擦除"的实验就是其中之一。

量子擦除（也被称为"量子橡皮擦"）实验一开始是由美国得克萨斯州农工大学的物理学家斯库利（M. O. Scully）在1982年提出来的。30多年来，许多实验室用各种方法重复过这个实验。

量子橡皮擦实验是双缝干涉实验的一个变形和扩展。在电子双缝干涉实验中，一旦我们使用某种方法来探测电子是穿过哪条缝过来的，电子在屏幕上形成的干涉条纹就会立即消失。而量子擦除实验则首先用一种实验手段（记作A），得到电子走哪条路的信息，就像给被探测的粒子贴上了一个标签，在贴上标签后，干涉条纹消失了。然后，我们又采取某种方法（记作B），将这种贴上了的标签"擦除"，神奇的是，干涉条纹又恢复了。这里的方法B就起到了类似"橡皮擦"的作用，它能够擦除告诉我们电子来自哪条道路的标签。

如何实现方法A和方法B？我们有很多种不同的选择，但从原理上来说，实验均可分成如图5–6所示的三个阶段。

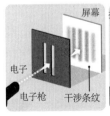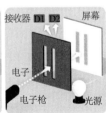

（a）电子的双缝实验　（b）加上探测信号后　（c）透镜聚焦探测信号
　　　　　　　　　　　　干涉条纹消失　　　　　　重现条纹

图 5-6　量子橡皮擦实验

图5-6中所示的方法来自《科学美国人》2007年5月刊
（中文版见于《环球科学》2007年6月刊）中拉赫尔·希尔
默（Rachel Hillmer）和保罗·奎亚特（Paul Kwiat）的文章
《自制量子橡皮擦》（A Do-It-Yourself Quantum Eraser）。据
说这个揭示了量子力学深奥理论的实验简单到可以在普通
人家中实现，有兴趣的话你不妨自己试一下，亲自体验量
子理论的神奇。

实验的第一阶段是普通的电子双缝干涉实验，见图5-6（a）。
第二阶段如图5-6（b），这时我们额外加入了一个发出探测
信号的光源。光源发出的光遇到穿过不同狭缝的光子会发
生散射，被不同狭缝散射的光子分别被计数器D1或D2所俘
获，这样便能确定电子是经过哪条缝过来的。不过一旦打
开计数器检测电子经过了哪条缝，屏幕上的干涉条纹便消
失了。

最后，实验的第三阶段：如图5-6（c）所示，在散
射光路上加上一个透镜聚焦，使得从两条路来的探测光子
到达同一个位置。这时，两路光子均被计数器D俘获，无
法区分，因此我们无法知道光子是被哪条狭缝的电子散射
过来的。可以说，透镜像一个"橡皮擦"一样，将第二阶
段实验中可以区分电子走了哪条路的信息给擦除了。实验

表明，一旦擦除这部分信息，屏幕上的干涉条纹就又回来了！

我们也可以用量子纠缠态来实现量子橡皮擦实验，通过控制纠缠对粒子中的一个，远距离地擦除量子干涉。更进一步，量子擦除实验还可以和上一节介绍的延迟选择实验结合起来，延迟擦除这个标记的时间。例如，我们可以直到干涉的电子快要到达显示屏幕时，再擦除记号。

费曼和路径积分

费曼可算是量子力学的黄金时代之后最杰出的物理学家之一，他最重要的性格特征就是永远保持着对科学的好奇，以及对理论物理的一颗赤子之心。他生气勃勃、快乐、调皮、爱玩、喜欢搞恶作剧，聪明绝顶又诙谐幽默，几乎对一切事物都兴趣盎然，他的生活中似乎一直趣事不断。费曼是开锁、开保险柜的高手，又以精湛的邦戈鼓技艺活跃在舞台上。据说费曼在绘画方面也达到专业水平，真是一名智商超高、情商了得的不可多得的科学家。

费曼是一位颇具直觉的物理学家，他发自内心地喜欢物理，视科学研究为趣味无穷的乐事，他提出的费曼路径积分理论，就是这一特点的体现。

　　大自然中蕴藏着无尽的美，有待人们去发现。而物理学中有一个"最小作用量原理"，可以说是自然界最迷人最美妙的原理之一。作用量是体现系统某种特征的物理量，最小作用量原理的含义是，自然界许多规律都表现为使得作用量取极大值或极小值的形式，造物者犹如一位精明的经济大师，总是用最小的成本做最多、最好的事。例如，光线总是走最短的光程，系统平衡时熵值最大，水珠尽量保持球形以使得表面积最小，两端固定的悬链自然下垂时的形状会使得重心最低，等等。

　　费曼在中学时代学到这个原理时，就被它的简洁、美妙和普适所震撼并为之倾倒。这份震撼被费曼长存于心，最后他将它应用到量子理论中，成功铸就了费曼路径积分理论。

　　我们可以通过前面讲述过的双缝干涉实验来理解费曼路径积分。双缝实验中，电子从粒子源A到屏幕上的某个点B，只有通过两条狭缝的两条路。也就是说，电子出现在B点的概率是通过这两条路线概率的叠加。

　　如果有3条或4条狭缝，电子出现在B点的概率就是通过这3条或4条路线概率的叠加。进一步推想，如果有无穷多条狭缝呢？

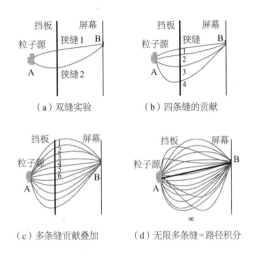

图 5-7　费曼路径积分思路

　　缝隙数目增加到无穷多条狭缝的情况，实际上对应于撤去挡板、实验环境变成自由空间的情形。这就是路径积分的思想：电子从点 A 到点 B 的概率，是从 A 到 B 的所有可能路径（无穷多条）的概率贡献的总和。

　　那路径积分与经典力学中的最小作用量原理又有什么关系呢？让我们先看看经典力学中是如何应用最小作用量原理的。考虑一个物体从 A 被抛射到 B，例如，炮弹从 A 点以一定的初始速度被发射到空中，在重力的作用下形成一条抛物线的轨迹后击中目标 B，见图 5–8（a）。抛物线的轨

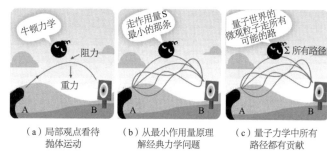

（a）局部观点看待　　　（b）从最小作用量原理　　　（c）量子力学中所有
　　　抛体运动　　　　　　　解经典力学问题　　　　　　路径都有贡献

图5-8　从不同角度研究物理规律

迹可以根据牛顿第二定律计算出来，即图中所示的抛物线。

以上方法，是从"微分"的观点来看待炮弹的运动。在运动的每个瞬间，炮弹都受到重力及阻力的作用，而它所遵循的牛顿运动的微分方程则根据它所受到的重力和阻力决定了它的加速度，进而决定了它的速度以及下一个相邻时刻的位置。实际上，换个角度，我们也可以这样来思考问题：炮弹从A点飞到B点，有许许多多条可能的路径，即连接A和B的各种各样的曲线，如图5-8（b）中所示。那么，重力作用下的炮弹，到底应该选择哪一条路呢？这就是最小作用量原理能够发挥作用的地方了。我们可以定义一个物理量叫"作用量"，对于每条可能的路径，都有一个对应的"作用量"，运动物体总是选取作用量最小的那一条。具体到刚才图5-8（b）的例子，炮弹之所以选取那条抛物线，是因为它对应的作用量最小。在这里我们略去了问题中作用量的定义及求最小值的具体运算，感兴趣的话你可以参考相关教材或文章。

在经典物理中，不管用牛顿运动方程还是最小作用量原理，得到的结果都是一样的，我们称最小作用量原理与牛顿运动方程是等价的。它们殊途同归，能解决同样的问题，只是看待问题的方式不一样。牛顿方程是从局部的视角来分析问题，一般需要把整个路径分解成一个一个无穷小的小段来研究。如果使用最小作用量原理的方法，在计算作用量时，则一般要沿着路径进行积分（可以理解成求和），所以是从整体的观点来求解问题。

费曼将"作用量"的概念引入了量子物理。他想，如果被抛射的不是宏观物体，而是微观世界中像电子这样的基本粒子的话，就像图5-8（c）所示的那样，情况会怎样呢？这些量子粒子有一种类似"波动性"的特殊本领，这种本领使得它们天生就能走过从A到B所有可能的道路后到达B。正如费曼所说的那样："电子可以做它喜欢做的任何事。"电子可以往任何方向，前进、后退、拐弯、绕圈……甚至在时间上也可以向前或向后，最后到达B点。费曼将这种多路径的想法应用到量子力学中，认为每条路径对粒子最终出现的概率都有贡献，因此，总的概率应该是对电子从A到B的所有可能的"历史路径"的概率求和，也就是求积分。最后，费曼得到的粒子从A到B的"轨迹"和薛定谔方程解出的波函数一样，也就是说，在量子力学领域，费曼路径积分和薛定谔方程等价。

当费曼告诉弗里曼·戴森（Freeman Dyson）他的"对历史求和"的想法时，戴森说："你疯了！"是啊，一个电子怎么可能走所有的路呢？并且，电子的路径怎么可能沿着时间往回走呢？费曼哈哈大笑说，没有什么是不可能的啊！他又风趣地说："倒着时间运动的电子，就是顺着时间运动的正电子嘛，其实这个想法来自我的老师约翰·惠勒，是我从他那儿偷来的。"

牛顿方程和最小作用量原理，在量子力学中分别对应于薛定谔方程和费曼路径积分。费曼路径积分实际上应该被称为狄拉克–费曼路径积分，因为这种思想最初是由狄拉克提出的。当时，狄拉克企图寻找一种能够平等对待时间和空间的量子力学的表述，他相信最小作用量原理可以在量子力学中发挥作用。到20世纪40年代，费曼在普林斯顿大学跟着导师约翰·惠勒读博期间，将狄拉克1933年的文章中的部分思想加以发展，写进了自己的博士论文中。后来"二战"爆发，费曼和惠勒都参与了美国的曼哈顿计划，战争结束后，费曼才又继续研究和完善了路径积分的理论，并将其用于量子力学、量子电动力学和量子场论，提出了许多非常精确的预测，也把现代物理学提升到一个新的高度。

第 6 章
量子信息的新世界

费曼不仅对量子理论贡献巨大，还是提出量子计算设想的第一人。

1981年5月，美国波士顿麻省理工学院的校园里，鲜花盛开，绿草如茵。科学家们在这儿召开了物理学和计算技术"联姻"的第一次会议，费曼在会上做了一个关于用计算机模拟量子物理的报告，从此揭开了研究量子计算机的新篇章。

费曼在报告中提出了一个问题：可以用经典计算机来模拟量子世界吗？答案是否定的，因为经典计算算法的计算量将随着系统的增大（微观粒子数的增加）而指数式增加。如果从微观世界的规律开始计算，由于研究对象包含的粒子数非常大，经典计算机的计算能力已不能胜任这项工作。

费曼对未来计算机的设想别具一格，却又合情合理：他认为想要模拟微观世界，就得用和微观世界的工作原理一样的方式，也就是量子的方式才行。费曼风趣地表示，既然这个该死的大自然不是经典的，你最好"用它的方法来模拟它"，这是以其人之道还治其人之身。也就是说，我们要想模拟这个量子行为的世界，就得研究微观世界的量子是如何工作的，然后建造一个按照量子力学的规律来运行的计算机才能成功模拟它。不过，费曼最后感慨道："天哪，这是一个非常精彩的问题，却不是那么容易解决的。"

计算机和人工智能的专家总希望能够模拟人脑，却发现用经典计算机很难实现这一点，经典计算机计算速度和并行运算的规模都难以企及人脑。原因之一在于我们并没有足够了解人脑的运行机制。人类大脑的最基本单元是神经元，大脑是一个由860亿个神经元组成的复杂结构，类似一个超大规模的集成电路。有科学家认为，人脑也许更像一台量子计算机，很可能我们得用量子模拟的方式，才能实现人类模拟人脑的梦想。

自从费曼在麻省理工学院精彩的演讲首先将物理学和计算机理论联系到一起，计算机科学家开始热情地关注物理学的进展，关注量子力学。这才有了后来种种有关"量子比特"及其算法的研究，以及接踵而至的量子计算、量子通信、量子传输等各个技术领域的发展和突破。在这些领域，奇妙的量子纠缠现象将产生令人神往的实际应用。

量子比特

电子计算机中的储存单元和运算单位是比特（bit）。比特指二进制中的一位，它的值可以用0或1来表示，它是信息的最小单位。许多个比特连在一起，便构成了二进制数。我们平常使用的十进制数是满十进位，二进制数则是满二进位，如二进制的10表示十进制的2，二进制的10010表示十进制数18。

计算机必须在物理上实现才能真实运行，凡是具有两种状态的物理器件，都可用来实现比特，例如晶体管的通断、开关的开与关、电压的有无、电压的高低等等，都可以作为比特的0和1。

相应地，量子计算中的一个"位"称为量子比特（qubit）。量子比特和经典比特之不同来自量子物理与经典物理的不同。如上所述，在构建经典计算机的电子线路中，我们通常用晶体管某输出端的电压高低来表示一个经典比特。比如说，我们可以将大于0.5伏特的电压状态规定为"1"，小于0.5伏特的电压状态规定为"0"。这样，在一个确定的时刻，某点的电压要么是"高"，要么是"低"，也就是说，要么是1，要么是0，两种状态中只能取其中之一，这是经典物理的确定性所决定的。这个或0或1的电压输出，就可以用来表示一个比特。而量子比特，得用微观世界中的量子态来实现。微观世界中，与二进制对应的物理实体是我们前面常提到的电子自旋或光子偏振，也可以是两个不同能量的任何量子态。然而，无论是电子自旋、光子偏振，还是其他不同能级，与经典的物态都有本质的不同，由于量子力学容许叠加态的存在，量子比特可以处在由两个本征态组合起来的无穷多个叠加态上。

经典比特可以看成一个开关，要么开要么关，不会又关又开。而我们已经了解的叠加态则不同于开关，一般来说，它既不是0，也不是1，而是0和1按照一定概率的叠加，或可称为"既是0又是1"。态0和态1各自概率的大小因具体情况而有所不同，但总概率加起来必须等于1。例如，一个量子比特可能有60%的概率是1，40%的概率是0。

一个比特只表示一个数还是同时表示两个数，看起来好像差别不大。但如果多个量子比特与同样数目的经典比特比较，就大不一样了。

首先从两个比特的情况开始。两个经典比特，可以表示 00、01、10、11 这 4 个数字，但只能从中选择一个。但如果是两个量子比特的话，一次就能同时表示这 4 个数字。再如，3 个经典比特放在一起，一次仍然只能表示一个数，见图 6-1（a）。而在 3 个量子比特组成的系统中，可以同时存在 8 种不同的状态，因此，它可以用来同时代表 8 个数，见图 6-1（b）。

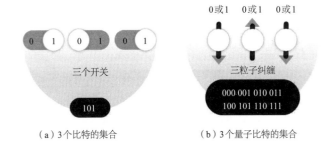

（a）3 个比特的集合　　　　（b）3 个量子比特的集合

图 6-1　经典和量子比特集合

以此类推，随着开关数的增加，经典系统一次表示的数字依然是一个，只是可以表示更大的数值而已。但量子系统同时能表示的数字数目将以指数方式快速增加。当量子开关达到 20 个时，它一次能表示的数字数目为 2^{20}，即已超过100万。这就是为什么人们认为量子计算机的计算能力如此强大。

用一个通俗的比喻，也就是说，在经典世界中，鱼和熊掌不能兼得，而在量子世界中，鱼和熊掌竟然可以兼得。一台量子计算机，就相当于多台经典计算机同时进行并行运算。可想而知，其计算速度当然很快！

但实际上，这个比喻并不是很确切。量子计算机"快速计算"的优越性是以结果的不确定性为代价的，这点我们后面将会提及。

量子计算机

谈到量子计算机，我们必须先澄清一些说法。目前看来，量子计算机还远不能替代经典计算机，也未必一定能解决摩尔定律即将终止[①]的问题。量子计算机和经典计算机都用到了量子理论，但应用的层面不一样。经典计算机是

---

① 1965年，英特尔公司创始人之一戈登·摩尔指出，集成电路上晶体管的数量每18个月就会翻一番，这就是摩尔定律，它预言了集成电路的飞速发展。但量子力学限制了电路元件的最小尺寸，因此人们认为摩尔定律在未来10~20年里可能不再有效。——编者注

间接地使用量子理论的成果，晶体管、集成电路等器件的微观原理都涉及量子力学，但人们设计电子电路的思路和进行计算的原理，均与量子物理基本无关。量子计算机的思想和实现方法与经典计算机完全不同，其运作在本质上就是基于量子现象的。

为了更具体地理解量子计算与经典计算的异同，让我们从最简单的计算例子说起。

量子计算的特点

现在，假设我们有一个由 3 个量子比特构成的计算器，开始进行计算了。比如说，我们将图 6–1 所示的数加上 2。

对 3 比特经典系统而言，二进制的 101 加上二进制的 010 得到 111，即十进制的 5 + 2 = 7。而对 3 个量子比特的系统，当我们输入 2（二进制 010），并发出运算指令后，从 0 到 7 的所有 8 个数都开始运算，都加 2，并同时得出 8 个结果（2、3……9）。一个经典的 3 比特系统一次计算只能得到一个结果，量子系统一次计算可以得到 8 个结果，相当于 8 个经典计算器同时进行运算，从某种意义上讲，相当于把计算速度提高到 8 倍。

然而，量子计算的结果不能全部输出，因为一旦输出，量子叠加态就会坍缩成8个数值中的一个，再也找不回其他数值了。不过，如果我们暂时不输出，这8个数可以储存在计算机里，继续进行之后的运算。

从上例中我们看到：运算后，经典计算机得到1个确定的数，量子计算机得到8个不确定的数。不确定的数有用吗？这要看你怎么用。总之，以上简单例子中的量子计算相当于8个并行运算。假设我们做的是非常复杂的计算，或者中间过程需要很多平行计算或平行搜索，花费的时间比输入输出的过程多得多的话，量子计算就有优势了。

量子计算的威力，在于本书前面几章所介绍的叠加态和量子纠缠，它们描述了量子态之间的高度关联，在广泛的意义上，我们将这种关联称为"量子相干性"，它是实现量子计算的物理学基础。

自费曼1982年提出量子计算的概念以来，将近40年过去了。近年来，世界范围内忽然掀起了研究量子计算的热潮，IBM、英特尔、谷歌等公司纷纷宣布制造出了自己的量子计算机。如今，大家都在讨论谁能第一个制造出可以超越最好的经典计算机的量子计算机。

实际上，量子计算机还有不少基础物理问题需要解决，瓶颈多多，距离超越经典计算机的目标仍然很远。一方面，量子比特与经典比特完全不同，且难以在物理上实现，目前最好的量子计算机也不过包含几十个量子比特，而如今最好的经典计算机少说也有几十亿个比特。此外，要开发出真正实用的量子计算机，还必须解决输入输出、量子算法及"退相干"等问题。

退相干和输出

量子计算的优越性来自叠加态和量子纠缠之类的量子相干性，但这种相干性是非常脆弱的，在外界环境的影响下，会产生所谓的"退相干"现象，即波函数坍缩。退相干使得量子系统回到经典状态，叠加态坍缩到固定的本征态，粒子之间不再互相纠缠，而是与周围环境相纠缠。

退相干如果发生在计算过程中，就会影响运算结果，使量子计算出现错误，过高的错误率极大地阻碍了量子计算的实现。经典计算机也需要纠错，但量子系统纠错所需的比特数比经典计算要多得多。一个实际性能只有 3 个量子比特的量子计算机可能需要上百个量子比特来纠错。因此，为了避免退相干，使量子计算系统能维持独立运算能力，我们需要把量子计算系统与环境隔离开。

然而，量子计算机最终还是需要接触外界，才能得到输出结果。量子计算机的计算结果通过对输出态进行量子测量而得到。

假设结果是0与1的叠加态，测量操作就会使得这个量子比特的叠加态变成确定的本征态0或1，或许你有60%的概率测到0，40%的概率测到1，但测量只能进行一次，测量后整个状态便退相干了。

因此，输出结果是不确定的，有一定的错误率。如何保证输出结果的精确度是量子计算中的大问题。当然，解决它也不是完全没有希望，一些具体的量子算法可以提高输出结果的准确率。在某些问题中，可以利用量子相干来操作量子态，使输出结果准确的概率越来越高，例如下面将介绍的一些量子算法。

量子算法

从前文所举的量子计算例子可以，量子计算与经典计算有本质上的不同，因此也需要特殊的算法。1996年，贝尔实验室的彼得·肖尔（Peter Shor）提出一种量子算法，可以利用量子计算机自身固有的并行运算能力，在可以企及的时间内，将一个大的整数分解为若干质数之乘积。为什么要研究给大数分解质因数的问题呢？因为这个问题是经典算法不能解决的。把15分解成3和5的乘积很容易，但在经典算法下，随着待分解的数字越来越大，所需要的时间会呈指数增长。如果大数长达1 000位，用经典算法分解它需要1 000万亿年——这是不可能完成的任务。正因为将大数分解成质因数如此困难，计算机科学家利用这个原理发明了RSA加密系统，只要用户选择的大数无法被分解，加密系统就不会被攻破。

然而，根据量子肖尔算法，利用量子计算机分解一个1 000位的数字只需要20分钟左右，也就意味着它可用于破解RSA密码。过去，破解一个129位的RSA密码需要1 600名计算机用户花费8个月时间，而使用肖尔算法的量子计算机只需数秒钟便能破解140位RSA密码。

1997年，洛夫·格罗弗（Lov Grover）发现了另一种很有用的量子算法，即所谓的量子搜寻算法，目的是从大量未分类的个体中，快速寻找出某个特定的个体。因为这些个体完全无序，如果使用经典计算机搜寻，只能一个接一个地考察，直到找到为止。就像是要找出隐藏在200万个抽屉中的某一个抽屉里的一个特别的小球，只能将抽屉一个一个地打开。也许你很幸运，打开第一个抽屉后就找到了那个小球，也许你倒霉，开到最后一个才找到它，但平均来说你要找100万次才能找到。但如果有了量子计算机并采用格罗弗算法的话，平均只需要搜索1 000次。

格罗弗算法的要点是：在读取结果之前，让量子计算机重复进行某些"操作"来改变待输出的量，使它刚好等于目标的概率增加到接近1。然后，人们再从计算机读取输出态。

在以上一段话中，我们将人与计算机区分开来，这一点也是量子计算机与普通计算机的重要区别之一。在经典计算中，人基本上可以随时读取数据，程序员还可以调试程序，人为设定计算机只运行特定的步骤。这在量子计算机中无法做到，一是因为一旦读取系统状态，便造成系统坍缩，二是因为读到的结果是不确定的，只是按一定概率分布的本征态中的某一个，未必是正确的那一个，误差率很大。因此，格罗弗算法的目的便是让计算机在被人测量之前，尽可能地减小误差率。

如今，肖尔算法和格罗弗算法，已经成为构造其他量子算法的重要基础。

另一种典型的算法叫"量子退火算法"，是量子计算公司D-Wave所采用的一种模拟算法。退火（又称淬火）原本是一种金属热处理工艺，即将材料加热后再经特定速率冷却，可以增大晶粒体积，减少缺陷。加热使原子离开原来所处的局部能量最小的位置，从而有机会移动到能量更低的位置。经典算法中的"模拟退火算法"［图6-2（a）］，便是仿照这种金属退火的原理，利用随机搜索的方法跳出局部极值，寻找整体极值，达到最优化的目的。

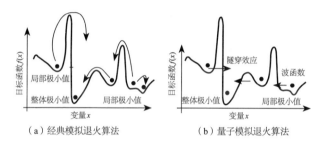

（a）经典模拟退火算法　　　　　（b）量子模拟退火算法

图 6-2　退火算法

量子模拟退火算法［图6-2（b）］则把经典算法推广到了量子计算机中，它模拟实际的量子过程，利用量子计算机的平行运算能力，以及量子力学中的隧穿效应，可以大大缩短运算时间。但相比肖尔算法和格罗弗算法而言，它的适用范围较为狭窄，只能发挥某些特殊的模拟用途。

量子比特的物理实现

算法属于软件，要有量子计算机的实体才能起到作用。而要实现量子计算机，首先要实现量子比特。

量子比特并不天然存在，我们必须采取某种方法在实验室里将其制备出来。优质的量子比特实现方式一般需要满足几项特定的要求，如要有较为容易而稳定的物理载体、可以方便地初始化和操作、有较长的相干时间等等。

目前量子比特的实现方案主要有偏振光子、离子阱、半导体量子点、超导体等等。

基于这些不同物理载体实现的量子计算机各有优劣：偏振光子的相干时间较长，但它一直处于飞行状态，用于通信有其优势，但用于计算机则难以观测和控制；超导体易于控制，但相干时间很短。

光学方面，最新的研究已经实现了18个量子比特相纠缠，但这个数字难以进一步提高，因为光子的存储比较困难。

超导约瑟夫森结是目前进展最快的一种固体量子计算实现方法。就现阶段实验操控技术水平而言，该体系势头颇盛，赢得了IBM、谷歌公司等科技巨头的青睐。

超导量子比特比偏振光子更容易扩展，IBM与英特尔公司都已经实现了含有50个量子比特的系统。另外，超导器件的加工工艺与目前已有的半导体加工工艺兼容，这是一个很大的优点，但超导系统也有缺点，缺点是需要在极低温的条件下才可以工作。

量子信息和加密

量子力学与信息科学相结合产生的量子信息学，不仅包含量子计算，还包含量子通信。量子通信方面近年来的研究重点，主要是本节将介绍的量子加密和下节将介绍的量子隐形传态。

量子通信指的主要是加密以及密码的传送方式是量子的，信息的具体通信方式仍然是经典的。换言之，量子通信需要借助经典和量子两个通道：量子通道负责产生和分发量子密钥，经典通道负责传递用量子密钥加密后的真实信息。所以，目前量子通信的目的是保密，不是加速，也不可能超光速地传递信息。

保密和窃密的举动自古有之，"道高一尺，魔高一丈"，两者间永远进行着不停升级的智力战争。人们不断研发现代保密通信技术，不仅是为了保护个人隐私，也因为保密与商业竞争、政治斗争，乃至国际竞争中的生死存亡密切相关。

为什么需要用量子理论相关的技术来加密呢？传统加密技术有什么缺点？前文简要提到了基于大数难以分解质因数的 RSA 加密系统，我们再详细介绍一下经典加密技术的原理及过程。

常用经典加密技术

为了便于理解，我们首先用大家日常生活中的语言来解释加密方法。

爱丽丝和鲍勃分居于两个远离的城市，且工作繁忙不易见面。但爱丽丝经常给鲍勃送去贵重礼物，她通常将礼物用一把锁锁在箱子里寄给鲍勃，又通过某种方式将开锁的钥匙传递给鲍勃。这样，鲍勃收到箱子后就可以用钥匙将锁打开、得到礼物。

假设箱子非常牢固，要想盗取礼物的唯一方式就是获取钥匙。也就是说，爱丽丝所寄物品的安全性将完全取决于传递钥匙的安全性。

有人说，这很简单，两个人预先为这把锁定制两把一样的钥匙就可以了，钥匙只有爱丽丝和鲍勃有，别人没有，无法偷走礼物。不过，这种办法爱丽丝只能采用一两次，如果久而久之总是用同一把锁、同样的钥匙的话，显然是不安全的，小偷接触锁的机会多了，可以想办法复制钥匙。因此，钥匙和锁最好能够经常更换。

所以，我们又回到了"如何传递钥匙"的问题。

有人可能会建议花钱雇用一个可靠的人专门为他们传递钥匙，也就是使用第三方作为信使。这好像也不是什么

好办法，毕竟信使也未必可靠，信使送钥匙时可能会受到
攻击，甚或信使本人也可能是叛徒。

聪明的鲍勃想出了第二种办法：鲍勃自己打造一套锁
和钥匙。他将这把打开了的锁寄给爱丽丝，配套钥匙则由
自己保管。爱丽丝没有钥匙，但可以很方便地用这个锁将
箱子锁上，然后寄给鲍勃。最后，鲍勃用自己保存的钥匙
打开箱子，得到礼物。这样，不用运送钥匙，也能安全寄
送礼物了。

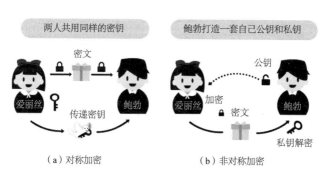

图 6-3　两种常用的加密方法

通过信使运送钥匙的方法，对应于现代通信中的对称
加密技术，而寄送一把打开的锁，自己保留钥匙的方法则
对应于非对称加密技术，见图 6-3。不同的是，现代通信中
加密和解密的对象是文件，而实现这些操作的手段是计算

机和网络技术。

在密码学中，需要秘密传递的文字被称为明文，将明文用某种方法改造后的文字叫作密文。将明文变成密文的过程叫加密，与之相反的过程则被称为解密。加密和解密时使用的规则被称为密钥。现代通信中，密钥一般是某种计算机算法。

对称加密技术中，信息的发出方（爱丽丝）和接收方（鲍勃）共享同样的密钥，解密算法是加密算法的逆算法。这种方法简单、技术成熟，但由于需要通过另一条信道传递密钥，所以难以保证信息的安全传递——一旦密钥被拦截，信息内容就暴露了。由此才发展出了非对称加密技术。

非对称加密技术如图6–3（b）所示，每个人在接收信息之前，都会产生自己的一对密钥，包含一个公钥和私钥。在图6–3（b）中，打开的锁是公钥，钥匙是私钥。

公钥用于加密，私钥用于解密。加密算法是公开的，解密算法是保密的。加密解密不对称，发送方与接收方也不对称，因此被称作非对称加密技术。

非对称密钥中的公钥是公开传输的，任何人都能得到。如果爱丽丝想要传递消息给鲍勃，她就用鲍勃的公钥来加密信息，然后发送给鲍勃，鲍勃收到密文后用自己秘密保存的私钥解密便可得到信息。在密文传递的路径中，即使有第三方截获密文，他也无法解密，因为他没有相应的私钥。

非对称加密在算法上也不对称：从私钥的算法可以容易地得到公钥，而有了公钥却极难得到私钥。也就是说，这是一种正向操作容易、逆向操作非常困难的算法。目前常用的RSA密码系统的作用即在于此。

RSA算法是罗恩·里韦斯特（Ron Rivest）、阿迪·沙米尔（Adi Shamir）和伦纳德·阿德尔曼（Leonard Adleman）三人发明的，以他们姓氏中的第一个字母命名。该算法基于一个简单的数论事实：将两个质数相乘较为容易，反过来，将其乘积进行因式分解而找到构成它的质数却非常困难。例如，计算$17 \times 37 = 629$是很容易的事，但是，如果反过来，给你629，要你找出它的因子就困难一些了。并且，正向计算与逆向计算难度的差异随着数值的增大而急剧增大。对经典计算机而言，破解高位数的RSA密码基本不可能。例如，一个每秒钟能做10^{12}次运算的机器，破解一个300位的RSA密码需要15万年。

这时候，量子计算机就可以大展身手了，使用肖尔算法的量子计算机，只需1秒钟便能破解刚才那个300位的密码。

这对于国际竞争来说意义非凡：如果在战争中，敌方拥有量子计算机的话，破解我方通信将变得轻而易举，这太可怕！虽然通用的量子计算机目前尚未开发出来，但是防患于未然还是有必要的，这就是如今各个大国大公司都在研究量子通信技术的原因。一方面，大家都想先别人一步制造出可轻松破解RSA密码的量子计算机，一方面，各国也都在加紧研发连量子计算机也不能破解的加密体系。

幸好，量子理论不仅能催生量子计算机这种锋利的"矛"，也能催生相应的"盾"——一种本质上不可能被窃听的加密信息通道。根据量子力学的法则，量子态是不可窃听，不可破解的！这就是下面要介绍的量子密码系统。

量子密码

具体地说，窃听者如果要窃听量子密码，必须进行相应的测量，而根据不确定性原理和量子不可克隆定理，他的测量必定会对量子系统造成影响，以某种形式改变量子系统的状态。这样，窃听者窃听到的就不是原来的信息了，通信双方也能立即觉察到窃听者的存在，即刻中止通信。

量子密码学的核心是量子密钥分发，其目的是在两个分离的通信双方之间建立起完全安全的密钥传输通道。它的最原始的思想可追溯到1970年，哥伦比亚大学的斯蒂芬·维斯纳（Stephen Wiesner）写了一篇名为《共轭密码》的论文，指出量子力学可以完成两件经典密码学无法完成的事。一是量子支票（不可复制、不可篡改的交易系统），二是两条经典信息合成一条量子信息发送，接受者可选择接受一条，但不能同时提取两条信息。这两件事都包含了量子密码的思想，但在当时听起来太过匪夷所思，没有人重视。这篇论文直到1983年才被接受发表。1984年，查尔斯·贝内特（Charles Bennett）等人了解到维斯纳的想法后，将其与通信中的私钥密码技术结合，制定了BB84量子密钥分发协议，正式标志量子密码通信的诞生。

在进行量子密钥分发时，发送方和接收方之间有两个通道：量子通道和经典通道。图6-4是使用BB84协议进行量子密钥分发的示意图。按照通信技术中的惯例，在图中我们用爱丽丝（Alice）表示发送者，鲍勃（Bob）表示接收者，伊芙（Eve）表示窃听者。

在量子通道中，发送者利用光子的偏振态来传输信息，光子可以经过光纤等介质从爱丽丝处发射到鲍勃处。经典通道则为无线电或互联网等常用的信息发送通道。一般来说，我们假设伊芙具备窃听这两个通道信息的能力。

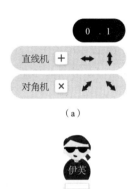

（a）

（b）

图6-4 量子密钥分发BB84协议示意图

第4章介绍过，我们可以让光子带有特定的偏振方向，也可以用任意方向的偏振片作为检偏器来测量它的偏振方向。如果光子偏振方向与检偏方向相同，那么光子一定能通过检偏器；如果光子偏振方向与检偏方向互相垂直，那么光子一定不能通过；而如果光子偏振方向与检偏方向成45度角，那么光子有50%的概率通过，50%的概率不通过。

知道这些就足以理解量子加密的过程了。我们设定两组量子比特：一组用水平偏振表示0，用竖直偏振表示1；另一组用斜上方向偏振表示0，斜下方向偏振表示1，见图6-4（a）。

这就好比有两种产生和检测量子比特0和1的机器，一种机器呈"+"形状，可以称为直线机，另一种呈×形状，可以称为对角机。发射者爱丽丝可以随机地选择用其中一种机器产生她的某一个量子比特，并将她所用的机器顺序记录下来，存放在隐秘处，而只把生成的光子序列串通过量子通道发送出去。接收者鲍勃和窃听者伊芙也都拥有这两种机器，用来检测光子表示0还是1。

BB84协议利用了被传输的偏振光量子的两个特性：一是量子比特的不可克隆性，二是两种机器生成的量子比特的不可区分性。由于第一个特性，一个量子比特一旦被测量而确定是0或1，它的状态便发生了改变，不再是原来被测量的数值。第二个特性的意思是说，被传输的量子比特上并没有贴有产生它的机器的标签，因此，在测量的时候，我们只能随机选择直线机和对角机中的一个来看光子是否通过。如果刚好选对了，那么测得的结果百分之百准确，如果选错了，那么只有50%的可能性是正确的（假设光子由直线机产生，却由对角机来检测，那么光子偏振方向与对角机检测方向总是成45度角，反之亦然）。因为检测器是随机选择的，所以，测得的结果的准确率应该是放对的50%，再加上放错的一半中仍有一半的概率正确（25%），最后得到75%。

有了上述的对量子通道发送的量子比特的基本认识，现在我们就来看看，爱丽丝发送了0和1组成的信息串之后，鲍勃这方接收的情况。

鲍勃收到一串由量子比特构成的信息后，将每一个量子比特随机地放进两种检测机中的一种，并将记录下来的测量结果和自己选择的检测机器顺序，都从经典通道发回给爱丽丝。这时，爱丽丝可以通过比较鲍勃接收到的和她自己发送时的数据，算出鲍勃测量结果的正确率。如果这个数值大约是75%，说明信息没有被窃听，于是，爱丽丝便可以把原来数据中鲍勃用对了机器的那些量子比特的序号挑选出来并通过经典通道发送给鲍勃，这些量子比特就作为通信的密钥。

然而，如果量子比特在传输中途被伊芙窃听了的话，这个量子比特就因为被伊芙测量过而改变状态了。所以，窃听者的存在将给鲍勃得到的最后结果引入误差。这样，爱丽丝比对自己与鲍勃的数据之后，发现正确率偏离了

75%，就能知道有窃听者存在，她便会丢弃这次传输的数据不用，而立即换用另一个量子通道。

量子隐形传态

量子纠缠现象在量子信息领域中的另一个应用，是1993年贝内特等人提出的"量子隐形传态"：将包含原粒子所有物理特性的信息发向远处的另一个粒子，该粒子在接收到这些信息后，就成为原粒子的复制品。在此过程中，传输的是原粒子的量子态，并不是原粒子本身。传输结束后，原粒子已经不具备原来的量子态，而处于新的量子态。

为什么会有人提出量子隐形传态？让我们首先考察一下用经典方式传输信息的过程。比如说，用传真机发送传真的过程，可以用如图6-5（a）所示的过程描述：爱丽丝将需要传输的文件经过扫描后得到的信息，通过经典通道传送给鲍勃，鲍勃用另一张纸将图像打印出来。

然而，爱丽丝不可能用这种方式将一个量子态（比如说，一个量子比特）传输给鲍勃。因为要传输就必须要测量（经典传输例子中的扫描，相当于测量），但量子态一经测量便发生坍缩，不再是原来的量子态了。那么，如何在

不引起坍缩的情况下，将一个量子态传输出去呢？所谓的
量子隐形传态，是利用另一对互为纠缠的光子对A和B，来
达到这个目的，见图6-5（b）。

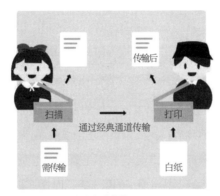

（a）经典传输

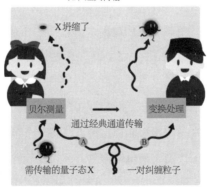

（b）量子传输

图6-5　经典传输和量子传输

　　我们让爱丽丝拥有纠缠光子中的 A，而鲍勃拥有 B。然后，爱丽丝对需要传送的量子态 X 和她手中的 A 做"贝尔测量"。贝尔测量是一种特殊的测量，要让两个光子陷入纠缠。测量后，X 的量子态坍缩了，但他的状态信息隐藏在 A 中，使 A 也发生变化（但并非坍缩）。因为 A 和 B 互相纠缠，A 的变化立即影响 B，让 B 也发生变化。不过，鲍勃这个时候还不能观察 B，直到从经典通道得到爱丽丝传来的信息。爱丽丝在电话中将测量结果（即 A 发生的变化）告诉鲍勃，然后，鲍勃对 B 进行相应的变换处理，就能使 B 成为和原来的 X 一模一样的量子态。这个传输过程完成之后，虽然 X 坍缩了，但 X 所有的信息都传输到了 B 上，因而称之为"隐形传态"。

由于量子现象在我们的日常生活中很难观察到，又有着难以想象的奇异性，公众对量子力学的误解颇多。因此，我们在结束本书之前，挑选一些来自公众的典型疑问，在解惑的同时，也使读者能简单快速地重温一遍全书内容。

到目前为止，量子力学对下面所有问题的答案都是否定的。

1. 不确定性原理来自微观测量时产生的误差?

不确定性原理不是由测量仪器的误差导致的，而被认为是量子力学的基本原理，是自然界的本质特性之一。主流观点认为，这种不确定性是不会随着测量仪器精度的改变而消除的。

2. 爱因斯坦反对量子力学吗?

　　爱因斯坦为量子力学的建立立下了不朽的功勋。他反对的不是量子力学,而是对量子现象的一些解释,其原因一是爱因斯坦根深蒂固的经典物理世界观,二是量子力学本身在理论上也还有一些缺陷和不完备性。

3. 量子隐形传态意味着将来能实现《星际迷航》里人类的瞬间移动?

　　见本书前文对"量子隐形传态"的介绍,它所传输的只是量子态而非粒子本身,因此不是隔空传物。科幻电影中那种传递"大活人"的想象,即使有人认为原理上可行,也和量子隐形传态的概念相差甚远。况且,量子隐形传态也不是"瞬间移动",它仍需要经典通道来传递信息,速度上限仍然是光速。

4. 量子理论只适用于微观世界,不能用于宏观世界?

　　一般而言,量子理论的确是用来描述微观世界的物理理论,但并不是说它不能用于宏观尺度,只是宏观世界的量子效应不明显,可以忽略不计。波粒二象性就是一种典型的量子效应。德布罗意提出,一切物体都有波动性,其波长等于普朗克常数除以粒子的动量（动量可以理解成质量与速度的乘积）。普朗克常数很小，而宏观物体的质量远比微观粒子大得多，例如，质量为 10 g，速度为 200 m/s 的子弹的德布罗意波长仅为 3.3×10^{-34} m，比物体本身的大小小多了，因而你不可能观察到宏观物体的波动性，也就谈不上波粒二象性了。

5. 量子通信的速度超过了光速？

实现量子通信需要两个通道：量子通道和经典通道，因而，通信的速度被经典通信所限制，仍然不能超过光速。至于量子纠缠使两个粒子之间发生关联的速度大大超过光速的说法（及实验），笔者认为需等待对量子纠缠机制的进一步解释。比如说有一种观点认为，电子对的纠缠态本来就是一个弥漫于整个空间的共有量子态，互相之间的关联自始至终就存在，不需要什么"传输"。总之，迄今为止，没有任何实验证据表明能量或信息的传播速度可以超过光速。

6. 量子力学证明了灵魂存在？

主流学术文献中没有任何明确的证据表明量子力学与灵魂有关。量子纠缠虽被爱因斯坦称为"幽灵般的超距作用",但它完全可以在物理学的范围内被研究和解释,也只能在实验室的精密仪器中才能实现。很多神秘事物爱好者因为量子力学一些奇异的特性而把它和"灵魂"扯上关系,但笔者认为,虽然每个人都有思考的自由,但我们不能把某些未受科学界主流认可的东西当成"科学证据"。

7. 根据量子力学:没有意识就没有客观世界?

虽然有一些科学家认为测量造成波函数坍缩是观测者的意识导致的,但这一观点只是对量子力学现象的一种解释,并不是量子力学理论本身的结论,且自提出以来就一直饱受争议。随着物理学家对波函数坍缩机制的进一步理解,或许未来我们会有更令人满意的解释。而特别要注意的是,目前为止,我们只有在实验室中严格受限的条件下才能看到波函数的坍缩现象,如果在日常生活中,客观世界随随便便就可以受意识影响,那么我们早就可以为所欲为了。

8. 量子力学是唯心主义?

量子力学的哥本哈根诠释强调测量行为对微观被测对象的影响,但并不否认客观世界的存在,我们不能说量子力学是唯心主义。

9. 人脑的意识来自量子纠缠？

目前来说，这不是量子力学的结论。有科学家认为意识与量子纠缠有关，并在尝试找出人脑中有哪些物质可以发生量子纠缠，但这一观点目前还只是猜想，有待更多的证据来验证。

1687年，艾萨克·牛顿（Sir Isaac Newton，1643—1727）出版《自然哲学的数学原理》，书中提出了牛顿运动定律和引力定律，被认为奠定了经典力学的基础。

1803年，托马斯·杨（Thomas Young，1773—1829）提出杨氏双缝实验。

1864年，詹姆斯·麦克斯韦（James Maxwell，1831—1879）建立电磁理论。

1900年，马克斯·普朗克（Max Planck，1858—1947）为解决黑体辐射问题，提出普朗克常数。

1905年，阿尔伯特·爱因斯坦（Albert Einstein，1879—1955）提出光量子理论，解释了光电效应。

1913年，丹麦物理学家尼尔斯·玻尔（Niels Bohr，1885—1962）提出玻尔原子模型。

1923年，美国物理学家阿瑟·康普顿（Arthur Compton，1892—1962）通过X射线散射实验证实光的粒子性。

1923年，法国物理学家路易·德布罗意（Louis de Broglie，1892—1987）提出物质波。

1924年，印度物理学家萨蒂延德拉·玻色（Bose，1894—1974）寄给爱因斯坦一份自己的论文，提出一种新的统计方法，后来被称为玻色–爱因斯坦统计。

1925年，三位德国物理学家维尔纳·海森堡（Werner Heisenberg，1901—1976）、马克斯·玻恩（Max Born，1882—1970）、帕斯夸尔·若尔当（Pascual Jordan，1902—1980）合作发表了一篇论文，标志着矩阵力学的建立。

1925年，奥地利物理学家沃尔夫冈·泡利（Wolfgang Pauli，1900—1958）提出泡利不相容原理。

1925年，两位荷兰物理学家乔治·乌伦贝克（George Uhlenbeck，1900—1988）和塞缪尔·古德斯米特（Samuel Goudsmit，1902—1978）提出电子自旋。

1926年，奥地利物理学家埃尔温·薛定谔（Erwin Schrödinger，1887—1961）提出薛定谔方程。

1926年，马克斯·玻恩提出波函数的概率解释。

1926年，意大利物理学家恩里科·费米（Enrico Fermi，1901—1954）基于泡利不相容原理提出一种统计方法，后来被称为费米–狄拉克统计。

1927年，海森堡提出不确定性原理。

1927年，两位美国物理学家克林顿·戴维森（Clinton Davisson，1881—1958）和莱斯特·格尔默（Lester Germer，1896—1971）发现电子衍射现象，证实了电子的波动性。

1927年，英国物理学家乔治·汤姆孙爵士（Sir George Thomson，1892—1975）独立发现电子衍射现象。

1928年，英国物理学家保罗·狄拉克（Paul Dirac，1902—1984）提出相对论的量子力学方程，即狄拉克方程，预言了正电子的存在。

1928年，苏联物理学家乔治·伽莫夫（George Gamow，1904—1968）用量子隧穿效应解释了原子核的 α 衰变。

1932年，匈牙利裔美国数学家约翰·冯·诺伊曼（John von Neumann，1903—1957）建立量子力学的数学基础。

1932年，美国物理学家卡尔·戴维·安德森（Carl David Anderson，1905—1991）在宇宙射线实验中发现正电子，证实了狄拉克的预言。

1935年，爱因斯坦与美国物理学家鲍里斯·波多尔斯基（Boris Podolsky, 1896—1966）和内森·罗森（Nathan Rosen, 1909—1995）提出EPR佯谬。

1942年，美国研究原子弹的曼哈顿工程开始。

1945年，第一颗原子弹在新墨西哥州的沙漠中试爆成功，爆炸当量大约为22 000吨TNT炸弹。

1948年，美国物理学家威廉·肖克利（William Shockley, 1910—1989）发明晶体管。

1948年，美国物理学家理查德·费曼（Richard Feynman, 1918—1988），提出量子力学的路径积分表述。

1957年，美国物理学家休·埃弗里特三世（Hugh Everett Ⅲ, 1930—1982）提出量子力学的多世界诠释。

1958年，美国飞兆公司的罗伯特·诺伊斯（Robert Noyce, 1927—1990）与美国得州仪器公司的杰克·基尔比（Jack Kilby, 1923—2005），间隔数月分别发明了集成电路，开创了世界微电子学的历史。

1960年，美国物理学家西奥多·梅曼（Theodore Maiman, 1927—2007）宣布制成世界上第一台激光器。

1961年，德国蒂宾根大学的克劳斯·约恩松（Claus Jönsson）率先让单个电子依次通过双缝，发现单个电子也会发生干涉现象。

1964年，英国物理学家约翰·贝尔（John Bell，1928—1990）提出贝尔不等式。

1972年，美国物理学家约翰·克劳泽（John Clauser，1942—　）和斯图尔特·弗里德曼（Stuart Freedman，1944—2012）完成第一次贝尔定理实验，虽然他们的实验被认为有漏洞。

1979年，美国物理学家约翰·惠勒（John Wheeler，1911—2008）提出延迟选择实验。

1981年，理查德·费曼提出用计算机模拟量子物理，打开了量子计算的大门。

1982年，美国得克萨斯州农工大学的物理学家M. O. 斯库利（M. O. Scully，1939—　）提出量子擦除实验的设想。

1982年，巴黎第十一大学的法国物理学家阿兰·阿斯佩（Alain Aspect，1947—　）等人，成功地堵塞了贝尔定理实验的部分主要漏洞。

1993年，美国计算机科学家查尔斯·贝内特（Charles Bennett，1943—　）等人提出量子隐形传态理论。

1994年，美国计算机科学家彼得·肖尔（Peter Shor，1959—　）提出量子质因数分解算法。

1995年，首次真正意义上的玻色–爱因斯坦凝聚在实验室实现。

1996年，印度裔美国计算机学家洛夫·格罗弗（Lov Grover，1961— ）提出量子搜索算法。

1998年，奥地利物理学家安东·蔡林格（Anton Zeilinger，1945— ）等人在奥地利因斯布鲁克大学完成贝尔定理实验，据说彻底排除了定域性漏洞。

2004年，在美国国防部高级研究计划局（DARPA）的主持下，美国在马萨诸塞州正式运行世界上第一个量子密钥分配网络。

2007年，欧洲和美国都实现了远距离量子密钥分配。

2011年，加拿大D-Wave公司发布了号称"全球第一款商用型量子计算机"的计算设备D-Wave One，含有128个量子比特。

2013年，谷歌和美国国家航空航天局（NASA）宣布在合作建立的量子人工智能实验室中将采用D-Wave公司新一代量子计算机D-Wave Two。

2015年，IBM在量子运算上取得两项关键性突破，开发出一种可扩展的四量子比特原型电路。

2016年，NASA喷气推进实验室的研究人员用城市光纤网络实现量子隐形传态。

2016年，来自全球的几个研究团队设计并参与了"大贝尔实验"，召集了10万名志愿者，在12小时内完成了实验，再次否定了量子力学的局域性。

2016年，美国马里兰大学的研究者发明世界上第一台可编程量子计算机。

2016年，中国发射量子通信卫星"墨子号"。

2017年，"墨子号"提前完成预先设定的三大科学目标：千公里级量子纠缠分发、星地高速量子密钥分发、地星量子隐形传态。

2017年，美国研究人员宣布完成51个量子比特的量子模拟器。量子模拟器使用了激光冷却的原子，并使用激光将原子固定。

2018年，英特尔宣布开发出新款量子芯片，使用直径只有约50纳米的量子比特做运算，并已在零下273摄氏度的极低温度中进行测试。

2018年，谷歌开始测试包含72个量子比特的量子计算芯片。

1. J. A. Wheeler (1946). "Polyelectrons". *Ann. N. Y. Acad. Sci.*, 48, pp. 219-238.

2. Wu, C. S.; Shaknov, I. (1950). "The Angular Correlation of Scattered Annihilation Radiation". *Physical Review*. 77 (1): 136.

3. S.J. Freedman; J. F. Clauser (1972). "Experimental test of local hidden-variable theories". *Phys. Rev. Lett.* 28 (938): 938–941.

4. Alain Aspect; Jean Dalibard; Gérard Roger (1982). "Experimental Test of Bell's Inequalities Using Time-Varying Analyzers". *Phys. Rev. Lett.* 49 (25): 1804–1807.

5. G. Weihs; T. Jennewein; C. Simon; H. Weinfurter; A. Zeilinger (1998). "Violation of Bell's inequality under strict Einstein

locality conditions". *Phys. Rev. Lett.* 81 (23): 5039–5043.

6. Jian-Wei Pan; D. Bouwmeester; M. Daniell; H. Weinfurter; A. Zeilinger (2000). "Experimental test of quantum nonlocality in three-photon GHZ entanglement". *Nature.* 403 (6769): 515–519.

7. M.A. Rowe; D. Kielpinski; V. Meyer; C.A. Sackett; W.M. Itano; C. Monroe; D.J. Wineland (2001). "Experimental violation of a Bell's inequality with efficient detection". *Nature.* 409 (6822): 791–794.

8. BIG Bell Test Collaboration (May 2018). "Challenging local realism with human choices". *Nature.* 557 (7704): 212–216.

9. William C. Wickes, Carroll O. Alley, and Oleg Jakubowitz, "A 'Delayed-Choice' Quantum Mechanics Experiment," in *Quantum Theory and Measurement*, edited by John A. Wheeler and Wojciech H Zurek, (Princeton, 1983), pp. 458–461.